农村生态环境保护

农村生态种养新模式

张晴雯　展晓莹　编著

中国农业科学技术出版社

图书在版编目（CIP）数据

农村生态环境保护：农村生态种养新模式 / 张晴雯，

展晓莹编著. —北京：中国农业科学技术出版社，2020.9（2021.7 重印）

ISBN 978-7-5116-5022-1

Ⅰ. ①农… Ⅱ. ①张… ②展… Ⅲ. ①农村生态环境—环

境保护—研究—中国 Ⅳ. ①X322.2

中国版本图书馆 CIP 数据核字（2020）第 177444 号

责任编辑 周 朋 徐 毅
责任校对 马广洋

出 版 者 中国农业科学技术出版社
　　　　　　北京市中关村南大街12号　　邮编：100081
电　　话　（010）82106643（编辑室）　（010）82109702（发行部）
　　　　　　（010）82109709（读者服务部）
传　　真　（010）82106650
网　　址　http：// www.CASTP.cn
经 销 者　各地新华书店
印 刷 者　北京建宏印刷有限公司
开　　本　880mm×1 230mm　1/32
印　　张　6.75
字　　数　155千字
版　　次　2020年9月第1版　2021年7月第2次印刷
定　　价　38.00元

《农村生态环境保护
——农村生态种养新模式》

编 委 会

主　编：张晴雯　展晓莹

编　委：郑　莉　张志军　荆雪锴　石　畅

　　　　张丁辰

前　言

　　近年来，我国规模化畜禽养殖业快速发展，已经成为农业农村经济最具活力的增长点，在推动现代畜牧业转型升级、提质增效方面起到了重要作用，特别是在2018年"非洲猪瘟"、2020年"新冠肺炎"疫情发生后，规模畜禽养殖在保供给、保安全、惠民生、促稳定方面的作用日益突出。但是，畜禽养殖业规划布局不合理、污染防治设施设备滞后、种养环节脱链、养殖粪污总量超过环境容量等问题也日益突出。

　　党的十八大以来，我国提出"注重环保发展，绝不走先污染后治理的老路"，对种植业、养殖业面源污染防治高度重视，《中华人民共和国环境保护法》《大气污染防治行动计划》《水污染防治行动计划》《土壤污染防治行动计划》等都提出了明确的任务和时间要求。解决农业面源污染问题，成为行业焦点。

　　2018年11月，生态环境部和农业农村部联合印发的《农业农村污染治理攻坚战行动计划》提出着力解决养殖业污染，加强畜禽粪污资源化利用，推进畜禽粪污资源化利用，实现生猪等畜牧大县整县畜禽粪污资源化利用，鼓励和引导第三方处理企业将养殖场（户）畜禽粪污进行专业化集中处理。加强畜禽粪污资源化利用技术集成，因地制宜推广粪污全量收集还田利用等技术模式。到2020年年底，全国畜禽粪污综合利用率要达到75%以上。

本书概述了我国农业生态种养的发展历史、现状、面临的困境和解决途径，对国内外生态种养模式的核心理念、基本原则和构建方法进行了归纳总结，选取6个典型模式进行了系统分析，包括北方"四位一体"模式、南方"猪—沼—果"模式、旱地"农林牧复合种养"模式、水田"稻渔共生"模式、西北"五配套"模式和"生态小镇"模式，科学地分析了上述模式的物质循环路径、技术要点和产业流程，对生态种养模式分类提供了新的思路。本书图文并茂，内容理论联系实际，可供农牧行业工作者、科技人员、种植大户以及养殖场经营管理者及技术人员学习、借鉴和参考。

本书在编写过程中，得到了国家科技重大专项水体污染与治理重大专项"海河下游多水源灌排交互条件下农业排水污染控制技术集成与流域示范"课题（2015ZX07203—007）、中国农业科学院"农业清洁流域"科技创新工程、中央级公益性科研院所基本科研业务费专项（BSRF201905）的资助。

限于编者水平，加之种植业和养殖业污染防治研究的长期性和复杂性等问题，所得结论不尽完善。恳请读者批评指正，也敬请各位专家、学者多提宝贵意见，以丰富及完善农村生态种养模式研究的理论与实践。

编　者
2020年5月

目　录

第一章　农村生态种养概述

第一节　生态种养的历史与发展

在人类史上，农业的产生和发展已经有一万多年的历史，历经了原始农业、传统农业、近代农业和现代农业4个发展阶段，目前正处于从现代农业向后工业化阶段的过渡时期。农业发展在世界不同国家和地区走过了不同的历程，不同的物种构成、先天自然条件和耕作技术，使各个地区形成了具有区域特色的农业生产技术。

原始农业是在原始自然条件下，采用简单的生产工具从事简单的农事活动，只是为了维持生存以本能的方式进行的劳动。在该阶段，人类进行的农业生产仅仅是一种直接获取自然产品的掠夺式生产。在旧石器时代晚期（约公元前8 000年），人类开始饲养动物和种植作物。在经历了采集、狩猎、渔猎、刀耕火种、游耕等原始农业阶段之后，自公元前500年到公元19世纪中期，随着铁制工具的出现和使用，农业发展迎来了新的时代，也就是传统农业阶段。与原始农业相比，在传统农业发展的时期，世界人口数量大大增加，驱使了农业的发展。同时由于铁制工具和畜力的使用，劳动生产率大幅提高。农民开始学会管理和经营土地，使用人畜粪便进行肥田，进行育种，采用间作、套种等复种种植制度，积累了一整套农业管理思想和农业经营思想，成为近现代农业的宝贵经验。直到18世纪欧洲工业革命，英国首次从工业炼焦中回收硫酸铵作为肥料，由于其肥效快、养分浓度高、供应效率高、成本低而被广泛运用到农业生产中。1908年，德国发明现代合成氨工艺，实现了化肥的充足供应。同时，蒸汽机的发明使欧洲和北美国家陆续进入了工业化社会。化肥的发明将农户从繁重的有机肥收集、堆沤、运输、施用等劳动中解放出来，各种农业机械极大提高了农业生产效率。工业革命的到来使西方资本主义国家开始了由传统农业向近代农业的转变，通俗地讲，近代农业就是柴油拖拉机替代了以人畜为主的传统耕作方式。在20世纪90年代初，基因工程、细胞工程、微生物工程和酶工程等生物技术开始广泛应用于农业的育种、种植、养殖、施肥和灌溉等诸多农业生产领域，第三次科技革命使农业发展完全达到了现代化农业的技术要求。

近现代农业的农业技术和物质的投入确保了农业的持续稳定发展，农产品产量和商品率提高，农业机械化有力地提升了农业劳动生产率，实现了生产力质的飞跃。但是20世纪80年代后，随着工业化进程的进一步深入，"石油农业"大型机械和农药化肥的使用在促进农业增产、满足人类物质需求的同时，造成了能源和资源的过度消耗、环境污染、生物多样性锐减、水土流失、土地沙漠化等一系列生态问题。此时，环境保护受到了世界各国的广泛关注，欧美国家快速兴起了保护农业生产的生态农业新浪潮，在此形势下，国际有机农业运动联盟成立。在1975年国际生物农业会议上许多发达国家肯定了有机农业的优点，有机农业在欧美国家得到了广泛的接受和发展。20世纪90年代，可持续发展理念为全球所接受，很多国家转变了对污染管控的认识，开始从末端治理转向污染预防。一些发达国家先后提出了有机农业、生态农业、生物动力学农业等理念。在该阶段，生态农业发展进入了新时代，生态农业在世界各国得到了较大发展。

国外的现代农业基本上经历了有机农业和生态农业两个阶段。20世纪20年代，德国和瑞士的学者就提出了有机农业的相关概念，有机农业的兴起标志着国外循环农业的出现。循环农业的理论基础是循环经济理论，1990年，英国环境学家皮尔斯和特纳首次正式定义了"循环经济"的概念，并创建了首个循环经济模型。循环农业强调物质能量的多级循环利用，严格管控污染物的产生和排放，最大限度减少对生态环境的破坏，实现农业可持续发展。

种养结合模式是目前最常见的循环农业模式。种养结合型循环农业模式最早于1924年兴起于欧洲，20世纪三四十年代在英国、瑞士、日本等得到发展；20世纪60年代欧洲的许多农场的生产模式已经逐步转向农业循环模式，70年代末的东南亚地区的一些国家也开始初步探索生态农业。法国的种养循环模式普及程度非常高，农户之间形成了专业的合作社，种植户为养殖户提供饲料，养殖户将畜禽粪污加工成有机肥提供给种植户作肥料。家庭农业与养殖业的结合推动了法国农业的大规模经营，机械化的普及使农业耕作效率和土地生产力也得到了提高。荷兰的农业主要以畜牧业、奶业和附加值较高的园艺作物为主，通过种养循环模式生产无污染和无公害的肉类和奶类食品。由于美国玉米种植带与猪养殖带基本重合，美国的主要种养结合模式是"猪—玉米"模式，这种科学的种养循环模式提高了饲料品质，改善了养殖环境，降低了生猪发病率，大大提高养殖效率。日本生态农业的建立始于20世纪70年代，其侧重点在于减少农田的盐碱化、农业面源污染（农药、化肥）等突出问题，提高农产品质量安全。种养循环模式的发展影响着全球农业环境的改善，所以得到了全世界各个国家政府的支持。

到目前为止，生态种养模式的发展已经遍布世界各个国家。2002年的数据显示，澳大利亚是种养循环模式面积最大的国家，达1 050万hm²。欧洲国家普遍重视种养循环农业。亚洲和非洲的种养循环农业比较落后，在2002年年底，日本5 000hm²，中国和以色列各为4 000hm²。东南亚地区的菲律宾是生态农业建设起步较早、发展较快的国家之一，其中菲律宾的玛雅农场是国际生态农业的典范。截至2002年年底，世界农业种植和循环模式面积约为2 300万hm²，比2000年增长31.4%，各个国家的种养循环农业面积正在逐步增加。2002年种养循环模式面积最大的10个国家如图1-1所示。

我国是农业大国，也是世界农业发祥地之一，农业发展已有八九千年的历史。我国传统农业非常讲究农牧结合，注重农林牧渔全面发展。传统农业生态系统中，种植业和养殖业是密不可分的。农民通常通过堆沤的方式将养殖业的畜禽养殖废弃物制作成有机肥还田，这是最早期的循环农业的基本模式，是一种物质和能量的封闭流动体系。在此阶段，种植业与养殖业的关系是对立统一的关系，两者相互依存、相互促进而又相互制约。我国从春秋战国时期开始出现以家庭为单位的小型综合农业，这种以家庭为经营单位、重视衣食自给自足的复合农业生态系统一直占据着农业的主导地位。同时，我国是世界上稻田生态种养最早的国家，也是至今为止世界上稻田生态养殖规模最大的国家。科学家在陕西勉县的汉墓中发现稻田养鱼的模型，证实了我国的生态种养最早可追溯到两千多年前。

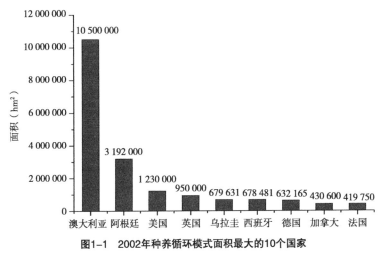

图1-1　2002年种养循环模式面积最大的10个国家

数据来源：蒋子驹.贵港市种养循环模式发展研究[D].南宁：广西大学，2008.

随着社会和技术的发展，传统农业由于自身的局限性难以满足当前社会对农业产品的需求，而现代工业在给农业带来快速发展机会的同时，也带来了环境危机、健康危机和能源危机等，这使人们开始重新考虑农业的发展出路。我国从19世纪80年代开始逐步进行生态农业的建设。在"八五"和"九五"期间，一百多个生态农业试点示范县实践了大量有效的生态农业模式，并初步形成了生态农业技术体系，取得了一些社会、经济和生态效益。但由于政策理论研究、生产经营和管理体系方面都存在不足，目前我国的生态农业还徘徊在小规模、低转换、微效益的传统生态农业阶段。

第二节　生态种养的内涵与前景

"生态农业""循环农业""生态种养模式"几个概念既相互关联，又有各自的内涵。"生态农业"是按照生态学原理和经济学原理，运用现代科学技术成果和现代管理手段，以及传统农业的有效经验建立起来的，能获得较高的经济效益、生态效益和社会效益的现代化高效农业，注重达到农业发展与农业环境保护的双重效果。生态农业是在使用我国国情特点下产生的农业可持续发展模式，它体现了生态与经济协调的可持续发展战略。"循环农业"是指在农作系统中推进各种农业资源往复多层与高效流动的活动，以此实现节能减排与增收的目的，促进现代农业和农村的可持续发展。通俗地讲，循环农业就是运用物质循环再生原理和物质多层次利用技术，实现较少废弃物产生和提高资源利用效率的农业生产方式。作为一种环境友好型农作方式，循环农业具有较好的社会效益、经济效益和生态效益。循环农业是经济和科技发展到一定阶段的产物，是新时期生态农业的成功升级，是生态农业发展的高级模式，是生态农业更高效的利用模式。只有不断输入技术、信息、资金，使之成为充满活力的系统工程，才能更好地推进农村资源循环利用和现代农业持续发展。"生态种养模式"是在循环农业背景下，倡导种植与养殖的有机结合，达到高效利用农业资源，减少环境污染排放，减少农业环境污染，是循环农业的分支。传统农业、生态农业、循环农业和生态种养模式的比较如表1-1所示。

表1-1　传统农业、生态农业、循环农业和生态种养模式的比较

编号	比较项目	传统农业	生态农业	循环农业	生态种养模式
1	理论基础	西方经济学、政治经济学	生态学、经济系统理论、农业产业化理论	生态学、生态系统理论、产业经济学	生态学、生态系统理论、产业经济学、可持续发展理论
2	经济增长方式	数量增长型	数量增长型	内生增长型	内生增长型
3	物质运动方式	物质单向流动的开环式线性经济（资源—产品—污染排放）	物质单向流动的开环式线性经济（资源—产品—污染排放）	物质能量循环流动的闭环式反馈型流程（资源—产品—再生资源）	物质能量循环流动的闭环式反馈型流程（资源—产品—再生资源）
4	对资源环境的影响	牺牲生态和环境的经济增长方式	环境友好型经济增长方式	环境友好型经济增长方式	环境友好型经济增长方式
5	资源使用特征	高开采、低利用、高排放	低开采、高利用、低排放	低开采、高利用、低排放	低开采、高利用、低排放
6	经济评价指标	单一经济指标	绿色核算体系	绿色核算体系	绿色核算体系
7	经济发展要素	土地、劳动力、资本	土地、劳动力、资本、高新技术手段、先进的农业设施	土地、劳动力、资本、环境自然资源、科学技术	土地、劳动力、资本、环境自然资源、科学技术

（续表）

编号	比较项目	传统农业	生态农业	循环农业	生态种养模式
8	社会目标	经济利益、资本利益最大化	经济、社会、生态效益	经济、环境、社会协调发展	生态效益、经济效益并重

参考资料：陈玺名，尚杰. 国外循环农业发展模式及对我国的启示与探索[J]. 农业与技术，2019，39（3）：52-54.

种养结合并不是种植业和养殖业的简单相加，而是土地、种植业、养殖业三位一体、紧密衔接的生态农业模式，倡导综合利用自然资源，提高资源利用率和产出率。一方面，畜禽养殖废弃物具有资源属性，可作为种植业的肥源；另一方面，种植业种植饲料作物以及回收作物秸秆为养殖业提供饲料。种养结合将种植业与养殖业中的物质流打通，使得营养物质在种植链条和养殖链条中循环流通，是实现畜禽粪便资源化利用和治理养殖污染的重要途径。

通过合理的种养结合生态循环模式，不仅可以提高农产品的质量，还能够有效协调农业发展和环境保护的关系。具体表现在以下几个方面。

①综合利用资源，实现畜禽养殖废弃物零排放，双重减少农业污染，节约资源投入，降低种植成本。通过生态种养模式的运行，养殖废弃物得到资源化和无害化，减少粪污处理带来的经济支出，提高生态效益和降低处理成本。利用畜禽养殖废弃物替代部分化肥，节省种植业所需的化肥和农药，摆脱对化肥农药的依赖，一定程度减少农业面源污染。

②改善土壤肥力，促进有机农业的发展。大量研究表明，沼液、秸秆等农业废弃物还田可明显改善土壤结构、缓解

土地板结、提高土壤肥力。研究发现"稻—蛙"生态种养模式对改善土壤理化性质具有积极作用，降低了土壤容重，增加了土壤孔隙度。

③提高农作物和畜禽产品产量、质量，确保农牧业收入稳定增加。实行种养结合、以农养牧、以牧促农，能够实现物质和能量的充分循环利用，最大限度地节约资源，实现产量、质量、效益的最大化。畜禽粪便经无害化处理后返还农田，在实现畜禽养殖污染物零排放的同时，畜禽养殖自身环境也能发生根本好转，畜禽发病率、死亡率明显下降，还可减少抗生素等兽药使用量，使畜产品质量安全水平得到提高。同时，畜禽粪便处理产物的还田利用能够增加土壤有机质、改善土壤结构，减少农药和化肥使用量，降低农作物成本，提高农产品产量和质量。由于由种植业提供的青饲料供应增加，畜禽生产性能和产品质量得到有效提高，饲料成本明显下降，能够提高种植业和养殖业综合效益、增加农民收入。

④能够缓解用地、污染问题，确保畜产品生产稳步增长。近年来，由于农业农村部划定了禁养区和限养区，畜牧业受到用地和养殖污染的制约日益突出，确保生猪等主要畜产品稳步增长压力也越来越大。通过实施农牧结合、种养平衡，促进生态家庭畜牧业的建设，能够有效解决畜禽养殖用地和畜禽养殖污染两大问题，实现畜牧业在城镇化、工业化发展加快过程中的可持续发展。

⑤支撑企业。种养结合模式的绿色循环有机生产过程为市场提供安全食品供消费者食用，带来较好的社会效益。有助于促进物质和能量的循环利用，带动第一、第二、第三产业的

联动。加快传统农产品加工企业和养殖企业的环保化，支撑农业企业实现技术升级，增强企业竞争力。同时，有助于调整产业结构，支撑带动生物质能源、高效有机肥、食用菌等新业态的发展，增加农村就业机会，增加农民收入。

广义的生态种养模式是种植业与养殖业互相结合的一种生态模式，畜禽养殖产生的粪污有机物等作为生产加工有机肥的基础，为种植业提供有机肥来源，同时种植业生产的作物又能给畜禽养殖提供食物来源，包括旱地种养复合模式、北方"四位一体"模式、南方"猪—沼—果"模式、西北"五配套"模式、"生态小镇"模式。狭义的生态种养模式是养殖场采用干清粪或者水泡粪等清粪方式，将液体废弃物进行沼气发酵后，产生的沼液沼渣等就近用于蔬菜、果蔬、茶园、大田作物、林木生产，包括堆肥还田模式、氧化塘处理模式、沼气工程模式。其中，"猪—沼—果"模式为经典的种养结合模式，已经在南方地区得到了广泛的应用。该模式适用于周围有足够自有土地来消纳沼液或与周边农户签订肥料使用协议的规模养殖场，特别是周边种植常年施肥作物如蔬菜、经济作物的地区。目前，我国已经形成了具有地域特色的"农—林—牧—渔"生态农业体系，如"猪—沼—作物""稻—灯—鸭""林下养殖""立体生态养鸡""秸秆—牛—作物"等。

目前，我国农业正处于传统农业向现代农业转型时期，畜牧业正处于由传统养殖业向集约化养殖业转型的关键时期。未来，随着农业供给侧改革深入实施，农产品品种结构将继续优化，种植经营将趋于规模化、专业化、商品化。在保证粮食稳定生产的基础上，调整种植结构将是种植业未来发展面临的主要问题。同时，未来我国农业发展将持续面临人口压力及资源匮乏问题，如何兼顾经济利益和农业环境保护，是对我国农业发展新的挑战。

"十三五"以来，生态种养循环农业的发展研究越来越受到国家的重视。2017年《农业综合开发区域生态循环农业项目指引（2017—2020年）》中指出，在2017—2020年，我国将建设300个左右区域生态循环农业项目，积极推动资源节约型、环境友好型和生态保育型农业发展，提升农产品质量安全水平、标准化生产水平和农业可持续发展水平。《全国农业可持续发展规划（2015—2030年）》中强调，要积极优化调整种植业和养殖业结构，促进种养循环、农牧循环发展，推进生态循环农业发展。2017年中央一号文件提出，要推进农业清洁生产，大力推行高效生态循环的种养模式，加快畜禽粪便集中处理，深入推进化肥农药零增长行动，开展化肥替代有机肥试点，促进农业节本增效。与此同时，国家还设立了很多高校和科研院所等科研机构，培养大批科研人员共同参与种养循环农业的科研，立足于现代科学技术，促进科研和农业实践之间的紧密结合，为发展种养循环农业提供了良好基础。

我国每年都会成立专项资金支持种养循环农业的发展，对发展种养循环农业的农户进行适当的补贴，帮助农户进行土地流转。这不仅降低了农户开展农业种养循环模式的成本，也刺激了农户发展种养循环农业的积极性。由于近年来生态环境的日益恶化，粮食安全受到了一定冲击，各种疫病的暴发和农药病害的增加造成了人民对粮食安全的恐慌，导致消费者对生态农产品的关注度大大增加，以及需求量也大大增加。政府的鼓励以及市场需求的增加，促使越来越多的农户加入生态种养循环农业的发展中来。与传统农业相比，生态种养循环农业虽然过程复杂，需要更多的基础设施投入，但依靠先进的技术，不仅可以获得更高的产量以及更好的农产品品质，还能获得丰厚的经济收入，生态种养循环农业成为农户的新方向、新选择。

在我国，以家庭为主的土地经营体制已逐渐不利于发挥规模经济效益。实现连片种植、专业化管理、发挥适度规模经济效益，走生态文明建设道路，走持续发展道路，发展生态农业是必由之路。农业农村部对发展生态种养结合模式，促进种养循环，建设资源节约型、环境友好型农业的多次强调，表明了国家对农业发展的重视，未来发展生态种养结合模式是我国农业的重要走向。虽然相对传统农业，种养循环农业生产过程较为复杂，需要大量的基础设施投入，但由于其环境友好等优点，为农户提供了新的农业发展模式，是农业发展规模化、生态化、高效利用畜禽养殖废弃物的重要途径。

第二章 种植业与养殖业的现状与困境

第一节 发展现状

一、种植业现状

（一）农作物产量

1949年以来，我国主要粮食作物水稻、小麦、玉米和主要油料作物大豆、花生、油菜的种植面积及年产量总体呈现上升趋势（图2-1、图2-2）。2016年水稻、小麦、玉米、大豆、花生、油菜的年产量分别达到了21 109万t、13 327万t、26 361万t、1 360万t、1 636万t和1 313万t。

目前我国的种植区域格局已经形成（图2-3）。粮食生产中水稻主要集中在长江中下游、西南和东南地区，北方粳稻则主要集中在东北地区。玉米种植从东部沿海地区到新疆、西藏，从海南到黑龙江，具有广泛的适应性。我国玉米主产区分为6个种植区，即北方春播玉米区、黄淮海玉米区、西南山区玉米区、南部丘陵玉米区、西北部灌溉玉米区和青海西藏高原玉米区。1998—2016年，全国只有4个省市（北京、江苏、海南、上海）玉米产量下降，其他省份均呈增长趋势，其中黑龙江增幅最大，达到3 130万t，增长161%。从气候和土壤条件来看，我国90%的小麦是冬小麦，主要分布在黄淮海平原、华北平原、关中平原和河西走廊；春小麦仅占10%，主要分布在东北地区和河套地区（内蒙古和宁夏）。山东和河南的小麦产量最多，而广东和云南的小麦产量最低。重庆、河南、安徽、江苏、山东、河北、湖北和甘肃的小麦产量逐步增加，但其他作物产量呈减少趋势。

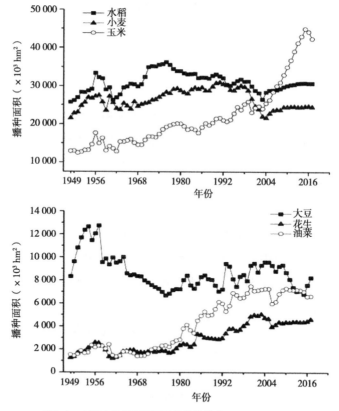

图2-1 主要农作物播种面积增长趋势（1949—2016年）

数据来源：http://data.stats.gov.cn/

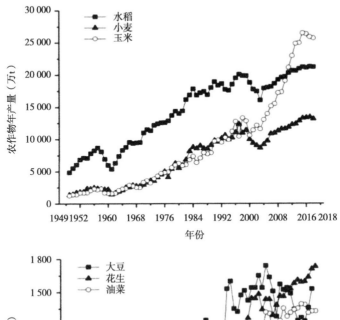

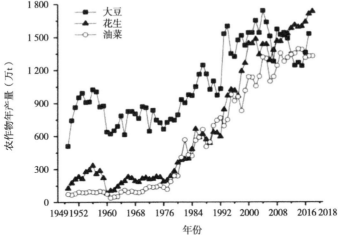

图2-2 主要农作物年产量增长趋势（1949—2016年）

数据来源：http：//data.stats.gov.cn/

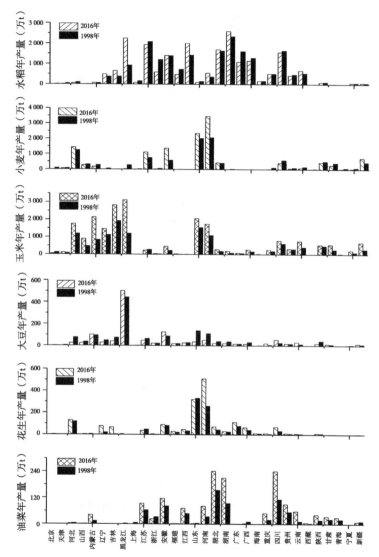

图2-3 主要农作物产量的时空变化特征

数据来源：http://data.stats.gov.cn/

以大豆、油菜和花生为主的三大植物油料生产带已经形成并基本稳定。我国大豆产量主要分布在3个地区：东北高油大豆主导区（松嫩辽平原和黑龙江省三江平原）；东北东南部大豆优势区，主要分布在吉林省；黄淮海高蛋白大豆优势区，即黄淮平原。近二十年来，云南、黑龙江、安徽、四川、重庆、新疆的大豆产量增加，而其他省份则呈减少趋势。长江中下游油菜籽生产稳步上升。我国的花生种植范围广阔，种植面积的增长趋势与油菜一致。除了西北的几个省份，其他省份均有种植，山东、河南为种植大省。甜菜生产主要集中在北方，甘蔗生产主要集中在南方。蔬菜区中南方所占比例提高。苹果产业形成西北、黄淮海鲜食与加工兼用，北方加工专用型两大苹果生产带。

（二）秸秆产生量

日益增长的农作物产量带来了丰富的秸秆资源。根据水稻、小麦、玉米、谷子、高粱、大豆、薯类、花生、油菜籽、芝麻、棉花、麻类、甜菜、烟叶、蔬菜等的谷草比和年产量估算，2016年我国作物秸秆产生量达到9.05亿t，其中氮磷钾养分含量分别达到了2 467万t、429万t、2 833万t。分析近70年的数据发现，我国秸秆资源量呈现明显的逐年上升趋势（图2-4）。秸秆作为中国农业生产中产生的主要农业废弃物之一，是农业面源污染的来源之一，同时也是巨大的有机肥替代资源。

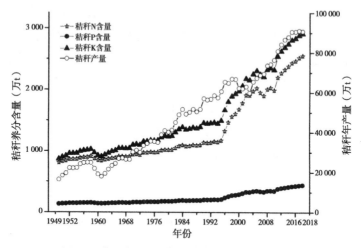

图2-4 我国秸秆产生量变化趋势（1949—2016年）

谷草比参数来源：李书田，金继运.中国不同区域农田养分输入、输出与平衡[J].中国农业科学，2011（20）：4 207-4 229.其他数据来源：http://data.stats.gov.cn/

（三）化肥农药施用状况

2016年，我国单位耕地面积化肥氮投入量以225.81kg/hm^{2}位居世界第三。世界平均年耕地面积化肥氮施用量为68.63kg/hm^2，其中日本80.3kg/hm^2、英国171.3kg/hm^2、美国77.7kg/hm^2。我国的化肥磷施用量达到了116kg/hm^2，排在世界首位，远超过日本（77.21kg/hm^2）、英国（32.61kg/hm^2）、美国（27.6kg/hm^2）。我国的钾肥施用量达到了101.7kg/hm^2，排在世界第四位，远远超过日本（69.1kg/hm^2）、英国（47.1kg/hm^2）、美国（30.9kg/hm^2）。

近30年来，我国化肥农药施用量呈现逐年增长趋势（图2-5）。从总量上来看，2017年我国化肥消费量达到5 859万t，农药施用量达到185.8万t。从单位耕地面积使用量来看，2016年世界单位耕地面积农药施用量为2.57kg/hm^2，日本为12.97kg/hm^2，美国为2.63kg/hm^2，英国为3.17kg/hm^2，而我国为13.18kg/hm^2，远远高于世界水平。从国家尺度上来说，我国作为世界农业大国，对化肥农药的高消费量为我国农业环境带来了潜在的农业面源污染。

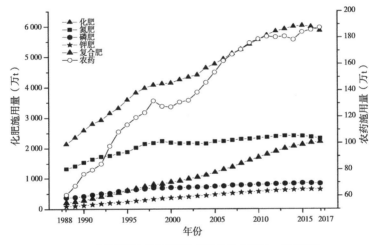

图2-5　我国化肥农药施用量年增长趋势（1988—2017年）

数据来源：http：//data.stats.gov.cn/

不同区域或省份化肥施用量严重失衡。由图2-6可见，我国经济发展水平较高的东南沿海和中部灌区化肥投入水平高，华东、华南、华北、华中地区单位播种面积化肥施用量远高于全国平均水平，而西北、西南和东北地区低于全国平均水平。2010年全国各省区市中仅有甘肃、西藏、贵州、黑龙江、青海低于225kg/hm^2（国际公认的化肥施用安全上限）。其中，海南、天津、福建、广东、陕西、河南的单位播种面积化肥施用量是安全值的两倍以上。东南沿海地区降水量大、河网发达，农业种植超量施用化肥，化肥流失率高，导致河流氮、磷等营养性物质超标，出现水体富营养化；中部灌溉区域降水量适中，大部分地区为平原地区，由于大面积农业种植，造成化肥施用总量高，氮、磷等下渗对地下水构成严重的影响。农业种植中，由于片面追求产量、降低劳动强度，对有机肥的施用严重不足导致土壤的有机质含量连年下降，土壤结构破坏、质量下降，导致农业种植肥料的利用效率低。据相关资料表明：我国氮肥当季利用效率为30%～40%；磷肥利用效率只有15%～20%；钾肥利用率较高，为40%～60%。化肥的低利用率直接导致肥料损失严重，由化肥引起的环境污染问题严重。

从图2-6来看，我国农药施用明显呈东部多于西部，南部多于北部的特征，主要分布在经济发达的东南沿海城市和华北地区，近二十年来东北地区的农药施用量也明显增加。过量施用的农药和化学肥料逐渐变成有毒有害物质，导致土壤理化性质改变，降低土壤肥力水平，降低作物产量，影响农产品安全性，这些产品通过食物链传播，最终会危害人类健康。

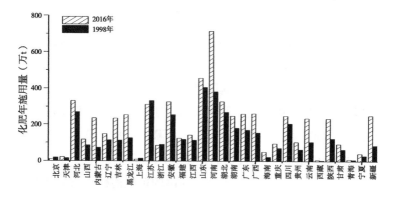

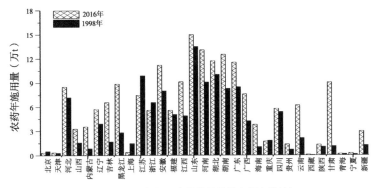

图2-6　2016年化肥农药施用量的空间变化特征

数据来源：http://data.stats.gov.cn/

二、养殖业现状

（一）畜禽养殖规模

由图2-7可见，我国畜禽养殖规模总体呈现增长趋势。2016年总的畜禽养殖规模为1 291万头（转化为猪当量），其中牛、猪和家禽是主要的畜禽养殖种类，分别占总养殖规模的36.7%、33.7%和18.0%。猪、牛和羊的养殖呈现逐年增长的趋势，2016年年末存栏量相比1949年分别增加了6.5倍、1.4倍和6.1倍。马、驴和骡子的养殖趋势均呈现先增长后下降的趋势，在1962年左右出现一个养殖峰值之后开始下降，1963年后又开始迅速增长，直到20世纪90年代初开始呈显著下降趋势。中国畜禽养殖结构变化情况如图2-8、图2-9所示。

我国的畜牧业生产在世界上占有重要地位，已成为名副其实的畜牧业生产大国。《中国农业展望报告（2018—2027）》预计我国屠宰猪年平均增长率将达到1.1%，2027年屠宰猪数量将达到7.65亿头。

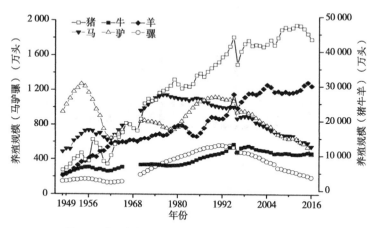

图2-7 我国畜禽养殖规模变化趋势（1949—2016年）

数据来源：http://data.stats.gov.cn/

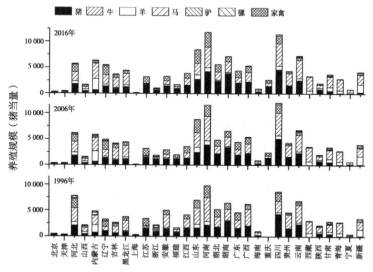

图2-8 我国畜禽养殖结构变化趋势（1996—2016年）

数据来源：http://data.stats.gov.cn/

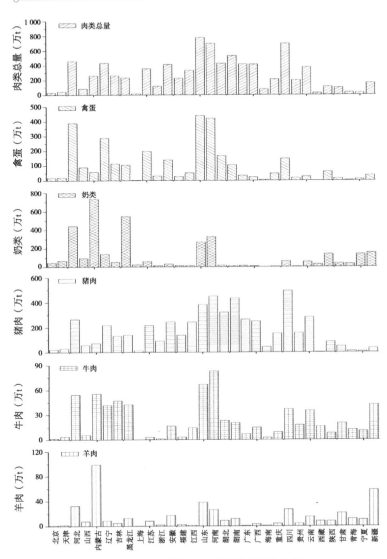

图2-9　2016年畜禽产品产量的空间分布特征

数据来源：http://data.stats.gov.cn/

1996—2016年，北京、上海、广东等20个省区市的养殖数量有所下降，其中上海和浙江的下降幅度最大。上海养殖量自1996年至2016年减少为170万猪当量，下降了52.9%；浙江养殖量自1996年的2 220万猪当量减少到2016年的1 100万猪当量，减少了50.0%；东北地区的牲畜数量显著增加，其中辽宁、吉林和黑龙江的增长率分别达到69.0%、40.0%和18.3%；此外，天津、内蒙古、山东、河南、湖南的牲畜数量也有所增加。

2016年，华北地区、西南地区和长江中下游地区的猪养殖规模占到了全国养猪总量的72.8%；西南地区、西北地区和华北地区的养牛业占我国养牛总量的67.7%；四川省猪和牛的繁殖量最大，分别为4 680万头和970万头；46.3%的羊饲养集中在西北地区，其中内蒙古的羊养殖量最大，为5 510万头。华北地区和长江中下游地区养殖的家禽约占全国家禽养殖的57.4%，其中河南家禽养殖数量最多，为7.145亿头。马的养殖主要集中在西北地区和西南地区，其中新疆90万头，内蒙古80万头。驴主要分布在西北地区。西北地区和西南地区分布了约71.0%的骡子。

（二）畜产品产量

由于畜禽养殖的快速发展，我国的畜禽产品产量得到了快速增长。从我国区域分布来看，四川、河南、湖南、云南、山东和内蒙古是中国六大水产养殖省份，分别占全国的9.5%、8.8%、6.2%、6.2%、5.8%和5.5%。2016年，四川省的猪肉产量最高，占全国猪肉产量的9.3%。牛肉、羊肉和牛奶产量集中在内蒙古，分别占我国总产量的7.8%、21.5%和20.4%。山东省鸡蛋产量最高，占全国总产量的14.2%。

随着我国养殖业的快速发展，主要畜禽产品，如猪肉、禽蛋产量连续十几年保持世界第一，我国已成为世界上最大的猪肉生产国和消费国。2016年，我国猪肉生产量为世界第一，5 425万t；羊肉为世界第一，234万t；牛肉为世界第三，681万t；鸡肉为世界第三，1 281万t；鸭肉为世界第一，295万t；鸡蛋为世界第一，3 161万t；牛奶为世界第五，3 064万t。

《中国农业展望报告（2018—2027）》预测，2020年我国牛奶产量将达到3 870万t，比2017年增长5.9%，2020年消费量将达到5 997万t，比2017年增长10.1%。2027年，中国的牛奶产量和消费量将分别达到4 380万t和6 360万t，分别比2017年增长19.8%和25.1%。同样，未来十年猪肉产量年均增长率预计将达到1.4%，到2027年将达到6 110万t。日益增长的需求推动了畜禽养殖规模的进一步扩大。

（三）畜禽粪便产生量

作为我国粪肥生产的主要来源，猪、牛、羊和家禽粪便具有很大的化肥替代潜力。由于牲畜数量迅速增加，过去几十年畜禽粪便量显著增加。2016年粪便总产量为42.4亿t，比1998年增长21.8%，其中猪粪便产生量为15.6亿t（36.9%），牛粪便为16.2亿t（38.3%），羊粪便为4.3亿t（10.0%），马粪便为3 218万t（0.8%），驴粪便为1 921万t（0.5%），骡粪便为811万t（0.2%），家禽粪便为5.7亿t（13.4%）（图2-10）。

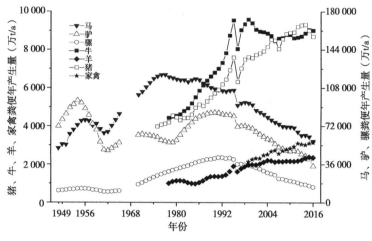

图2-10　我国畜禽粪便变化趋势（1949—2016年）

畜禽养殖数据来源：http：//data.stats.gov.cn/。粪便产生量的计算中用到的排泄系数参照农业农村部《畜禽粪污土地承载力测算技术指南》

　　从小型家庭农场养殖到集约化养殖的转移，导致牲畜粪便养分的日益集中。总体来看，在过去的20年中，粪便养分的产生和粪便养分的需求是增加的。2016年畜禽粪便的产生量达到了42.4亿t，相比1998年的38.5亿t增长了10.1%。畜禽粪便的产生量主要集中在华北、西南地区。

　　由于我国各地区畜禽养殖业发展不平衡，不同地区畜禽养殖的数量和构成不同（图2-11）。因此，畜禽粪便资源的分布也表现出明显的区域特征。来自猪、牛、羊、家禽、马、驴和骡子的粪便具有明显的区域分布。2016年，前五省（山东、河南、四川、湖南、云南）的粪便数量约占我国粪便总产量的39.1%，也是畜禽污染最值得注意的地区。在畜牧业集约化的省份，粪便产量和粪便养分往往相对较高。2016年的粪肥总量中，27.0%来自华北地区，19.7%来自西南地区，19.1%来自长江中下游地区，10.0%来自东北地区，而东南地区仅占总量的9.1%，西北地区贡献了剩余的15.1%。在过去的20年里，东北地区的粪便总产量从2.79亿t增加到4.63亿t，增长了66.3%。从1996年到2016年，西南地区增加了6.22亿t，达到9.07亿t，增长了45.8%。在华北地区、长江中下游地区、西北地区和东南地区，数量粪肥分别增加了32.0%、11.9%、41.6%和14.2%。

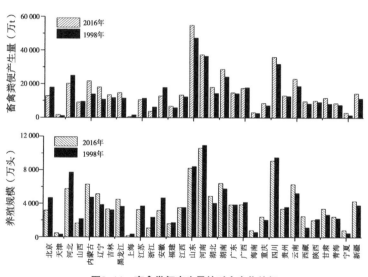

图2-11 畜禽粪便产生量的时空变化特征

畜禽养殖数据来源：http://data.stats.gov.cn/。粪便产生量的计算中用到的排泄系数参照农业农村部《畜禽粪污土地承载力测算技术指南》

畜禽粪便中含有丰富的氮、磷元素，可做有机肥，对化肥具有替代作用。2016年我国畜禽养殖产生的粪便氮、磷供应量分别为1 224万t和190万t。从区域尺度看，畜禽粪便氮磷养分供应的分布与畜禽养殖和畜禽粪便资源的分布相似。从空间上看，氮和磷的供应主要集中在四川、山东、河南和河北省，2016年4省粪肥的氮素供应分别达到100.4万t、90.5万t、74.3万t和85.0万t，粪肥的磷供应量分别达到15.1万t、13.6万t、12.7万t和9.5万t（图2-12）。

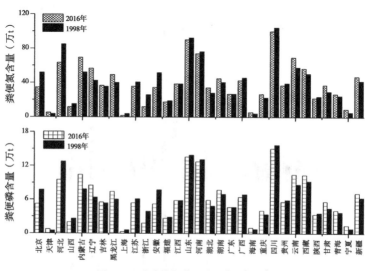

图2-12 畜禽粪便养分的时空变化特征

畜禽养殖数据来源：http://data.stats.gov.cn/。粪便产生量的计算中用到的排泄系数参照农业农村部《畜禽粪污土地承载力测算技术指南》

第二节　面临困境

一、人口与资源压力威胁粮食安全

2018年我国人口达到13.9亿，相比1949年的5.4亿增长了

157%，人口的快速增长对我国农业生产提出了巨大的挑战。我国的农业生产即要解决14亿人口的吃饭问题，满足日益增长的农产品数量、质量改善和品种优化的需求，又要同时保障粮食安全。据《中国农业展望报告（2018—2027）》预测，2027年我国小麦产量将达到1.3亿t，玉米2.38亿t，大豆1 600万t。在解决粮食产量的同时，粮食安全也必须得到保障。研究结果显示，我国主要畜禽产品因人均消费峰值与人口峰值几乎都在2030年前后到达，其总量需求峰值也将在此时到达。人口对各类耗粮食物的需求增长具有决定性的影响，各类产品的总量需求均会在2030年人口峰值到达后出现明显的转折，也就是说我国将面临更为严峻的农业发展形势。

我国是自然资源大国，但是人口的增长导致我国人均农业资源拥有量落后于世界水平。据统计，2018年我国的人均水资源量为2 008m^3，相比2010年减少了13.1%。2017年人均耕地面积为0.097hm^2，相比2010年人均0.10hm^2，减少了3.0%。国家城镇化的推进、人口压力与资源短缺，使我国在过去几十年走上了"高投出—高产出—高浪费"的农业生产模式。然而，由于人均耕地面积不足，土地、水资源、化石能源短缺，又决定了我国不可能像发达国家一样可以走"先污染后治理"的道路，未来我国的农业发展将继续面临来自自然资源基础、生态环境及经济社会等多方面的集中挑战。

二、化学投入品与废弃物危害生态环境

目前，我国农业资源环境遭受着外源性污染和内源性污染双重压力，已成为制约农业健康发展的瓶颈。一方面，工

业和城市污染向农业农村转移排放，农产品产地环境质量堪忧；另一方面，农业化学投入品和废弃物的不合理处置，导致农业面源污染日益严重，加剧了土壤和水体污染风险。根据《全国环境统计公报（2013年）》，2013年我国农业源排放化学需氧量1 125.8万t，氨氮77.9万t。其中农业源污染物排放量在全国污染物总排放量中所占比例较高，化学需氧量（COD）、氨氮排放量分别占到47.8%、31.7%。农业源污染物排放量已经超过生活源和工业源，成为主要污染源。

化肥和农药是农田的主要化学投入品。从我国化肥农药施用现状来看，我国是世界上农药化肥施用量最大的国家，远远高于日本、美国、英国等国家，其中高毒、高残留的种类占相当大的比例。农药中常见的有机氯、有机磷、氨基甲酸酯类和拟除虫菊酯类等，化学性质稳定，留存时间长，大量持续使用会对环境造成污染。我国化肥有效利用率较低，造成了土壤有机质养分收支赤字、土壤板结、地力下降，降低了土壤质量，破坏了土壤生态环境，同时导致水、土、农产品及生物内残留量增多。大部分的化肥通过地下径流或地表径流进入地下水或地表水，造成土壤和水环境污染。目前我国农药大多以喷雾剂的形式喷洒于农作物，据估算只有约10%黏附于作物上发挥药效，70%在使用过程中逸散到大气、水体、土壤环境中造成污染。

农业废弃物主要包括农田产生的秸秆以及畜禽粪便。我国每年都会有大面积的秸秆焚烧，排放大量的二氧化碳、二氧化硫、固体颗粒物，造成大气污染。从养殖业现状来看，自1949年以来，我国畜禽养殖业的快速发展导致畜禽粪便产生量逐年增长。据统计，我国畜禽粪便处理中传统堆沤占到49.90%，工厂化处理占8.73%，沼气发酵占13.70%，其他处理方式占11.77%，无处理直接排放占15.90%。畜禽粪便的不合理处理处置造成了土壤、水体污染。由于畜禽粪便的随意堆放或直接排入环境，畜禽养殖业已经成为我国的主要污染源之一。

三、区域不均衡发展导致种养脱链

我国地域幅员辽阔，东西南北环境差异较大，不同区域有不同的地容地貌、自然资源以及经济发展水平。在农业生产实践中畜禽规模大小不一致，区域较为分散不集中，畜禽粪便在国家、省域尺度结构差异并存，部分地区养殖规模过大造成畜禽粪便不能通过周边农田进行消纳，造成资源浪费、环境污染。部分地区种植规模过大，畜禽粪便供给养分不足，需要通过大量化肥的形式进行补充，增加了农业生产成本。

四、基础设施与科技投入力度不足

生态种养结合模式前期建设投入大，需要大量的基础设施建设，如畜禽粪便处理设备设施，污水运输工具或配套管网等，若畜禽粪便无配套处理设施直接还田会对农业环境造成污染。目前我国在农业基础设施方面，水利灌溉设施、能源设施、交通设施、信息基础设施都落后于欧美国家。同时，农业生产没有严格按照市场机制进行，农副产品的生产、加工、组织和销售机制不健全，限制了我国生态农业的建设。近年来，国家对科技投入力度逐渐增大，国家设立了很多科研机构，但是存在农业科研机构分布不均匀、队伍规模小、科研效果不明显、科研院所基础设施不完善等问题，同时由于需求面大、资金量少，导致农业科技投入力度仍显不足。政府的财政支持也影响着种养循环模式的发展，因此需要政府完善资金投入机制及政策，加大扶持力度，调动农户的积极性。目前我国的农业生产技术手段相比于欧美国家稍显落后，无法满足现代化高科技农业的需求，需要完善相关配套技术，进一步推广测土配方施肥技术、绿色防控技术、秸秆还田技术、畜禽水产绿色健康养殖技术。

五、种养结合机制尚未完全建立

我国存在着土地流转市场不成熟、租期不稳定，种植面积时大时小的问题。尤其南方地区人均耕地面积较小，农户难以形成规模化种养循环。党的十六大报告指出"有条件的地方可按照依法、自愿、有偿的原则进行土地承包经营权流转，逐步发展规模经营"。改造耕地扩大生产规模，成立合作社，鼓励农民以土地入股的方式实现土地规模化经营，有利于推广生态种养模式。

生态种养模式的建设与管理是一项复杂的综合性工程，但目前缺乏系统理论和实用技术方面的指导，管理机制不够健全，也缺乏可以借鉴的成功模式，标准化有待加强，缺乏全国农业生态环境建设和保护的法律法规，直接影响了生态种养结合模式的建设成效。我国的循环经济发展在机制方面较西方国家还存在较大差距，在具体管理过程中缺乏健全完善的生产经营管理制度、科学合理规范的流程设置、全面细致准确的档案记录、安全生产标准化的严格操作等。

六、种养循环模式难以向农民普及

2018年我国总人口13.9亿，其中乡村人口5.6亿占到了40.3%，农业劳动者是农业和农村经济的主体。与发达国家相比，我国农业从业人员的受教育程度偏低，农业行业人才匮乏。这就致使在农业科技新理念的理解和运用上存在一定的障碍，这在一定程度上制约了我国生态种养结合模式的发展。

目前，农户对生态种养认识不足，对政府的响应程度不高，农户对生态种养模式认识的片面性是阻碍该模式推广的重要因素之一。部分地区畜禽养殖产生的尿液和污水没有建设污水处理设施，直接排入临近沟渠，自然渗漏或挥发处理，对农业生态环境造成污染。一方面，政府应对农户进行宣传教育，加强对生态种养结合模式的认识，积极推广该模式在广大农村地区的应用。但是，目前在宣传方式上浮于表面，如张贴海报、发放书籍、进行专题讲座等方式，在供给内容上与民众真实需求脱节，较少提供直接的田间指导和技术服务。政府应通过相关法律手段对有关农业环境问题上采取强制手段，为发展农业种养循环模式提供有利的社会外部环境和内部融合的软环境。另一方面，我国畜牧养殖多以家庭为单位，对专业化人才构建的意识较差，导致专业水平无法得到提高，进而限制了农业生态经济效益的提升。种养结合式农业循环经济的发展离不开专业人员知识、经验和技术等多方面的投入，但从总体而言，对专业化人员培养发展的力度较小，多数人员并非专业人士，在操作方面往往存在不规范性，缺乏专业培训。

如何阻止农业发展过程自然资源的耗竭和生态环境的恶化趋势，使农业发展建立在长期稳定的基础之上，国家必须对现有的发展模式进行深刻的科学判断和分析，并提出调整战略，以指导未来我国农业的持续稳定发展。

第三节　解决途径

种植养殖生态平衡面临的以上挑战要求国家对已有的发展模式做出深刻的反思和科学判断，做出战略调整和部署，指导未来农业发展。利用有限的农业资源，节能减排，支撑企业，在增加农民收入的同时，减少农业和畜禽养殖业产生的面源污染。

一、推进农业绿色生产的顶层设计

2015年在农业部（现农业农村部）发布的《农业部关于打好农业面源污染防治攻坚战的实施意见》中已经提出了"一控两减三基本"，即严格控制农业用水总量，减少化肥和农药用量，畜禽粪便、农作物秸秆、农膜基本资源化利用。从循环农业的角度来看，农作物秸秆以及畜禽粪便等农业废弃物都是可回收利用的特殊形态的农业资源。一方面可以综合利用农业废弃物资源，另一方面可以替代化肥。应积极探索有机养分资源利用有效模式，全面实施秸秆综合利用行动、鼓励开展秸秆还田、种植绿肥、增施有机肥，合理调整施肥结构。同时，持续推进化肥减量增效、持续推进农药减量增效。深入实施农膜回收行动，加速生物农药、高效低毒低残留农药推广应用，逐步淘汰高毒农药。促进畜禽养殖废弃物的无害化处理，使用低毒、低残留农药，使用可降解农膜，鼓励农民秸秆还田。

二、发展生态健康养殖

在畜禽养殖过程中，采用顺应动植物生长规律的生态立体养殖模式，使用配合饲料，多用青绿饲料，使用微生物制剂，少用或不用抗生素，对于畜禽粪便处理，应积极推广畜禽粪污资源化利用，加强技术支撑和服务体系建设；积极推广粪污处理原位降解技术、自然发酵技术、沼气工程技术、有机肥生产技术，熟化、示范、推广农牧结合家庭生态农场。对于大中型规模养殖场，建设配套废弃物处理设施，改进设施养殖工艺，完善技术装备条件，实行沼气发酵、有机肥工厂化生产和沼液达标还田模式；针对适度规模养殖场，推广种养结合、农牧循环、林木循环等生态种养模式；针对畜禽粪污无法自行消纳的中小养殖场，建立第三方营运的社会化服务模式，做好源头减量、过程控制、末端利用，促进畜禽养殖废弃物处理与资源化利用。

三、推广生态种养模式

由于人口压力、资源短缺、环境危机等，我国农业需要走可持续发展道路，必然的路径就是发展生态种养模式。生态种养模式具有国家战略意义，一方面保障粮食安全，另一方面保障生态安全。对于集约化畜禽养殖业，在提高畜禽粪便收集无害化处理的同时，只有实现畜禽尿资源化利用，开展种养结合生态循环模式，才能有效解决养殖造成的有机污染问题。

从宏观层面加强畜禽养殖发展规划与种植业规划的协调，以种植业发展特点及耕地粪便承载力为依据，综合考虑畜禽养殖发展的种类、规模，使耕地能够充分消纳畜禽粪便产生量，实现"以种定养"，从而提高农业生产的环境效益。同时，加强畜禽粪便的无害化处理，合理选择畜禽粪便资源化利用方式，充分掌握农田生态过程和规律，依据各类畜禽粪肥特性进行还田利用，确保有机粪肥的高效利用，实现"以养促种"，促进种养系统间资源高效循环与污染物减量排放。从而从根本上解决种植业化肥流失率高、养殖业废弃物利用率低对环境造成的双重压力，有效控制农业面源污染的发生。做好产业规划，合理分配布局，建立多元化的种养循环模式。

科学技术是第一生产力。高新技术手段在生态种养结合模式建设中的有效运用，不仅有助于废弃物资源、水资源、土地资源，以及新能源、可再生能源等的高效利用，而且有助于我国农业实现立体化种植，多层次循环，最终达到农业经济与生态环境的健康和谐可持续发展。针对生态种养结合模式中的技术瓶颈，开展农业废弃物利用、农业产业链条延伸、生物能源开发、绿色种植、健康养殖等一系列技术研发，并应用空间技术、计算机技术、自动化技术、大数据等于环境污染监测和生态环境监测中。另外，加强生态种养结合模式新技术的推广与示范，因地制宜开展秸秆综合利用、农膜和农药包装回收利用、化肥农药氮磷控源治理、畜禽粪污综合治理、高效节水等工程。

四、以地定养，因地制宜

我国地域幅员辽阔，东西南北环境差异较大，不同区域有不同的地容地貌、自然资源以及经济发展水平。要想全方位的发展生态种养结合模式就需要利用现代化的科学技术，在我国传统农业优势的基础上，根据不同地域位置、气候、环境、生产能力、消费水平等因素，深入研究各地农业发展优势，制定区域农业循环发展规划，促进农业与畜牧业之间的优势互补和良性生态循环。在我国的不同区域发展多种种养结合模式，使所有区域发挥其自身地区的优势，各地产业都能协调发展。如南方地区的"猪—沼—果"模式，北方地区的"四位一体"模式，西北地区的"五配套"模式，以及城市地区特有的都市生态循环模式。

关于区域种养结合不平衡问题，对于无种植用地的养殖户，可以将畜禽养殖废弃物出售给周围农户或有机肥生产企业，或者通过土地流转租用一部分土地进行种养结合，同时以种植和养殖作为收入来源。对于规模化畜禽养殖场，应进行综合养分管理，在修建畜禽养殖场之前，拟定一份详细的粪污处理方案，包括畜禽产粪量、污水排放量、处理方式和营养物质产生量等指标。根据处理方案进行合理布局，将猪场的选址定在能够足以消纳其畜禽养分的作物种植区域周围，使得种植业与养殖业紧密结合起来。积极调整区域种植业和养殖业结构以达到合理匹配。对于种植业，通过合理栽培措施提高作物产量，选择高氮磷养分吸收量的作物。改变作物种植结构和复种指数，如将一年单茬种植改为一年多茬种植，通过合理栽培等措施提高作物产量。对于养殖业，选择低氮磷饲料进行养殖，优化畜禽饲料养分配比，降低现有畜禽养殖过程中排放的氮磷量。

各地优化调整畜牧业区域布局，促进农牧结合、种养循环农业发展，加快推进畜禽粪污利用，引导畜牧业绿色发展。根据农业农村部《畜禽粪污土地承载力测算技术指南》的测算方法对各个区域进行评估，优化养殖面积，对不同污染程度的区域实行差别化指导措施。在种养平衡区大力推进畜禽粪便处理和资源利用，在种养潜力区，将超载区实施畜牧业转移，实现养殖平衡。对畜禽养殖超载的养殖场或区域，可以减少畜禽养殖数量、降低现有畜禽养殖过程中的氮磷排放量，增加畜禽养殖废弃物的处理渠道，如扩大畜禽粪污消纳土地面积，寻找新的畜禽粪污消纳土地，对产生的畜禽粪便无害化处理后可以进行对外销售等。

五、加大资金与人才扶持力度

政府应成立专项资金支持种养循环农业的发展，解决农民在生态种养进程中的资金问题。对积极参与生态种养模式发展的农民进行适当的补贴，帮助农户进行土地流转，降低农户开展种养循环农业的成本，提高农户发展种养循环农业的积极性。加大对秸秆还田、高效低毒低残留农药、现代施药机械、绿色防控产品、增施有机肥和高标准农膜使用补贴力度，建立终端产品补贴制度。完善财政调节手段，鼓励金融机构对农林循环经济重点项目和示范工程给予绿色信贷支持，拓宽抵押担保范围，创新融资方式，加大对农业污染第三方治理机构的扶持力度。同时，加强对生态种养模式的支持与监督，完善从中央到地方的监督体系，确保专项资金能够用在实处，解决农民在生态种养过程中的资金问题。政府在进行资金补助的同时，应引导农户进行自我管理，拓宽筹资渠道。加大政策普及力度，扩大试点范围。加大基础设施建设以及对购置新设备的补助。

　　生态种养模式是以实践为主的服务。在信息化大背景下进行农技推广，信息技术人才就成了农村科技服务技术方面的主体，各地方政府应在充分利用和整合现有农业种植资源的同时，联合各部门，加大对农村建设人才的引入和培养，加强技术指导，统一规划进而形成适合当地实情的人才体系，多开展相关的教育培训形成层次多、覆盖广，且具有一定完整性的农村科技人才服务体系、技术指导体系，进而推动生态种养模式的不断完善和快速发展。通过各大专院校、职业技术学院、农林技术类研究机构、信息服务中介机构的密切合作，建立长期志愿服务体系，利用社会资源提升农业技术服务人员的综合素质。建立全面的种养循环模式推广体系，设立专门的现代农业研究部门，为种养循环农业的发展提供技术支持。建立专业化政策培训机制，实现相关专业人士的再教育与培训，通过专业部门评价养殖场卫生和防疫工作，建立完善的激励体系，实现卫生主体工程与种养结合式农业循环经济产业化发展有机融合机制。

六、强化标准规范，建立长效发展机制

政府应发挥主导作用对生态循环农业发展中的发展目标、发展模式、生产方法等进行科学的规划，并且对生产过程进行严格的监督。其次，要推进生态种养技术标准、规程等建设，包括制定种植业、畜禽养殖业、水产养殖业污染物排放控制标准，制定完善农药、肥料、饲料、兽药等农业投入品管理和废弃物处理的法律法规，完善秸秆禁烧和综合利用管理办法、畜禽养殖污染防治管理办法等。对现有的农业生产技术进行标准化和规范化，扩大推广应用规模与范围。

第三章 各国生态农业模式及配套技术

畜禽养殖废弃物含有丰富的氮磷养分，而目前种植业与养殖业高度的集约化、区域化、规模化，割裂了种养体系的物质与能量循环，造成了资源浪费、能量高耗和环境污染等负面影响。如能将种植与养殖相结合，则在有效解决畜禽养殖污染问题的同时，也可减少农业种植化肥的施用，降低农业种植过程中氮元素的流失。但是，如将人畜粪便直接或堆沤发酵后作肥料施用，一方面微生物对于物质的分解过程缓慢，另一方面相当一部分营养物质也会随着降水或灌溉流失掉，产生面源污染，粪便分解产生的能量也被浪费掉。适合我国国情的生态农业模式及配套技术亟需归纳总结，以便推广应用。

种养循环农业模式与区域自然条件、产业类型及资源禀赋紧密相关。根据区域特点及实际情况，选择不同的农业废弃物资源化利用方式。本章将总结发达国家在畜禽养殖及粪污处理技术模式上的经验与启示，以及我国自20世纪80年代以来经典的生态种养农业模式。

第一节　发达国家生态农业发展模式

一、德国

德国位于欧洲中部，耕地面积12.2万km²。其畜牧产值占农业产值的62.14%，养殖业发达。畜禽养殖以猪、牛和家禽为主，2017年生猪存栏量为2 755万头，奶牛为420万头，肉牛为808万头。畜禽养殖的粪污处理技术包括沼气发酵工艺技术、鸡粪风干制粒技术和粪坑通风系统技术。沼气发酵技术分为湿法和干湿同步法发酵技术工艺两种，前者占沼气项目总数的89%。发酵原料采用能源植物与畜禽粪便混合发酵。鸡粪风干制粒技术无需额外热源，利用鸡舍内排出的热空气将新鲜鸡粪的含水率从70%~75%降至30%，同时可以固化羽毛、细菌、氨气等。一个存栏量为十万只的商品蛋鸡场，每年可制肥1 260t，制成的鸡粪无异味、无病虫害、生物性质相对稳定，适合运输以及精准施肥。粪坑通风系统技术一般应用于奶牛和生猪养殖场，将粪尿集中存放在畜舍下的粪坑中，存放6~9个月进行肥料的腐熟，再应用于农田。近年来，固液分离技术在德国得到快速推广，分离后的固体进行堆沤处理或加工成垫料，液体部分则采用加盖的储存设施储存。

在政策方面，由于德国属于能源缺乏国家，政府一直致力于支持可再生能源的发展。2001年，德国先后3次制定并修改《可再生能源法》，鼓励用沼气发酵工艺解决粪污处理问题。2004年对该法规进行了修订，包括减免增值税、补充电费等优惠政策。至2010年，沼气工程已建成6 000个，总装机容量为2 700MW。

二、法国

法国是一个平原国家，得天独厚的自然条件使其农业发展很快，目前已经是欧洲最大的畜牧生产国以及欧盟第二大乳制品生产国。法国的畜牧业主要集中在诺曼底等西北地区，畜禽养殖以生猪、牛、羊和家禽为主。至2016年，生猪存栏量达1 900万头，牛、羊分别为1 280万头、716万头，家禽出栏量为96 990万只。

法国的粪污处理模式以固液分离——资源化利用为主。90%的养殖场采用的是粪污固液分离技术，分离后的固体用于造粒制作有机肥，液体储存2个月以后还田利用；10%养殖场通过建造大型沼气池发酵设施用于发电。固液分离技术分为格网、栏条或平板技术，以及干湿分离机、筛子震动分离、滚压机分离等，养殖场根据自身条件进行分离。

从法国畜禽养殖业中我们可以得到如下一些启示。

①没有能力的养殖场可将粪污送至大型养殖场处理，根据去向不同，养殖者付费或得到相应利益。

②重视规范化管理和标准化建设。以法律法规为框架，资源化利用为导向，实现农产品生产环境标准化，实施生产全过程与工艺标准化，严格畜产品质量标准化。

③重视公司制经营。法国政府制定产业政策，设立各种资助基金和行业自主性组织引导，支持畜牧业规模经营。

三、瑞典

瑞典位于北欧，耕地面积265万hm²，瑞典的农业主要分布在南部地区，农业总产值占GDP的0.4%，其中畜牧业产值占农业总产值的80%。至2016年，生猪出栏量为147万头，牛、羊分别为144万头、58万头，家禽存栏量10 356万只。牛场一般使用自动刮粪板定时清理粪便，废弃物由专门的管道送往配套的沼气中心，沼气中心将粪便与秸秆等进行混合，通过发酵转化成电能和热能。

瑞典对畜禽粪污的管理法规出台较早，1980年就出台了针对粪便储存和流转的立法。2002年将土地承载力列入法规，要求每年每公顷土地上不能施用全氮超过170kg的粪便，或含磷超过22kg的粪便，并规定每年9月至翌年2月不允许粪便还田。此外，瑞典在环保法律法规的监督方面比较严格，如：重审查，每4年对氮污染敏感区域进行一次审查，通过更新敏感地区，更好地匹配农业营养负荷高的地区；防渗漏，农场的粪便储存需要足够长的时间与足够大的空间，对储存地点的要求很高，防止粪便下渗污染土壤，以及扩散污染大气；强要求，对粪污还田的要求进行了详细规定，防止养分流失，进入水体。

此外，瑞典还非常注重畜禽健康管理理念的推广，严格控制饲料环境卫生，为养殖舍创造健康环境，降低染病的可能性；禁止使用抗生素与激素类饲料，以寡聚糖、酶制剂等添加剂代替；通过优选育种、采血监控与合理喂养提高动物自身免疫力，降低药物使用。除了具备完善的法律法规以外，瑞典还建立了由政府主导，区域技术部门、大学、农民组织、服务公司、农场和自愿群体等多方共同参与、高效协作的服务体系，为农场主提供免费服务，让粪污资源实现价值，政府对创新技术模式还会给予不同的资金补贴与荣誉，值得我们借鉴。

四、丹麦

丹麦地处北欧，是全球主要农业生产集约国和重要农畜产品出口国之一。丹麦的农业以种植业为主，农牧业以家庭农场为主，农牧结合，以牧为主。养猪业在丹麦畜牧业中所占比重最大，居世界前列，由于其猪存栏量超过居民人口2倍而被誉为"养猪王国"。2016年，丹麦有养猪场3 000多个，年存栏量1 238.4万头；奶牛家庭牧场3 294个；肉牛牧场11 586个；家禽养殖场2 842个。

丹麦的畜禽粪污资源化利用技术模式主要有两种：牛床垫料+还田利用模式，沼气工程+还田利用模式。对于前者而言，丹麦大多数养殖场为家庭农场经营，农场与农田配套，遵循和谐原则，以粪污替代化肥用于农田，形成种养循环。丹麦仅允许2—5月进行粪污还田，粪污需要储存9个月以上。在储存期间，一般在上面盖上15～20cm的秸秆，用于除臭。该操作除臭效果显著，能减少80%的臭气扩散。对于沼气工程模式而言，近10%的粪便由集中式沼气站进行处理，近20%的畜禽养殖户参与到沼气生产中。Foulum是丹麦农业大学研究粪污资源化利用的机构，该研究机构认为30%的粪污+70%的秸秆可能是一个较好的模式，可以减少温室气体排放，利于还田。

丹麦的每个养殖场都配备了粪污处理设备及精准粪肥施用设备。粪污处理设备包括沉淀池、曝气池、抽送和搅拌设备、液体肥施肥车和固肥抛肥车等。根据丹麦的法律法规、当地土壤养分状况和施肥数据，施肥服务公司还可以核算粪污价值，帮助农场主精准施肥，这是丹麦畜禽粪便管理的一大特色。

五、意大利

意大利位于欧洲中南部，畜牧业产值占农业总产值的1/3。在欧盟对环境要求越来越高的前提下，意大利面临着畜禽粪污处理的巨大压力。通过沼气利用和种养结合，意大利较好地解决了这一问题，其畜禽粪污处理大概有3种模式。

1. 大型规模养殖场

马卡农场是大型规模养殖场的代表，是城郊型现代化农场，奶牛存栏量超过3 000头。根据其自身特点，有两种沼气发酵模式：70%粪便+30%生物质模式，30%粪便+70%生物质模式。前者的发电规模比后者高。沼气发电后，沼液直接还田，沼渣作为奶牛场垫料或肥料。

2. 中小型养殖场沼气发电模式

伦巴第大区有很多中小型牧场，每个牧场的粪便产量都不足以维持稳定的沼气生产，因此这些农场自发成立合作社，将畜禽粪污运送至合作社自建的沼气发电企业进行集中生物发酵，生产再生能源。发电企业根据粪便量与发电要求在沼气池中添加不同比例的生物质。沼气发电完的沼渣和沼液按照粪便来源运回各自的牧场，养殖户的自有牧场需要消纳这些沼渣和沼液。

3.中小型牧场粪污直接还田技术模式

对于自身拥有大规模农田的牧场可以采用粪污直接还田消纳的方式。为降低粪水对环境的污染，还田之前畜禽粪污需要汇入储粪池至少2个月，以便粪便中的有害微生物被杀灭。粪污还田量主要依据土壤氮素而定，推荐采用深施模式还田，可以降低氨挥发的损失。

意大利政府采用颁布法规、给予补贴等措施鼓励企业源头减排、过程控制和末端利用。在法规方面，规定每公顷土地上不能超过2.2个成年牛单位；对于沼气工程初期及目前的沼气发电项目，政府给予30%的补贴。此外，还将养殖的生产补贴与环保挂钩。

六、荷兰

荷兰是畜牧业发达国家，养殖密度高，有一半的土地为农业用地，其中畜牧业粪污产量为6 860万t/a，面临严峻的氮磷排放过量问题。20世纪70年代，政府出台了一些政策，限制生猪和禽类的养殖数量，制定废水配方标准、矿物质还田标准等。

荷兰的粪污处理较多考虑运输距离的影响。对于不能内部消纳的粪污，养殖场需要支付5～20欧元/t的费用将粪污运往耕地农场，并支付使用粪污种植户3～10欧元/t的处理费。除了强制性政策外，荷兰政府也为粪污的合理排放提供了一系列的鼓励措施。如通过直接拨款与联合融资为粪污加工与处理的研发创新提供经费支持、财政补贴和税收减免等。

荷兰大力的粪污施用设施，常用的设备有注肥式撒粪车、耕地注肥式撒粪车、从蹄式撒粪设备、拖拽管式撒粪设备、抛洒式撒粪设备。前两者的损失约为10%的氮损失，后三者则会增加氮的损失量，达30%、40%和70%，对环境的污染逐渐增加。

第二节　发达国家生态农业发展模式对我国的启示

当前，我国畜牧养殖业发展面临多重压力，环境污染问题突出。我国畜禽粪污年排放量已达40亿t，是造成农业面源污染的重要原因之一。国家已采取多项针对养殖业污染问题的环保政策，在一定程度上有所缓解，但种养结合综合农业系统仍然是解决畜禽粪污最根本、最有效、最经济的方式。以往，种养分离导致了中国畜禽废弃物农田利用率低，粪污中氮元素的还田率仅为30%；粪污中磷元素还田率约为48%。种养结合能够促进养分循环，一方面可以提高粪污中氮、磷元素的还田率，减轻畜禽污染；另一方面，动物粪便作为有机肥料投入农作物，为发展有机农业提供了条件。种养结合为减少环境污染、生产健康食品提供了许多好处，而且能够提高农业生产的多样性，是畜牧业可持续发展的必由之路。

一、因地制宜，合理布局畜牧养殖产业

与欧洲发达国家相比，中国地域辽阔、气候多样、地形复杂，应根据不同区域的资源优势和土地消纳能力，合理布局畜牧养殖产业，有效推进种养结合生态种养产业发展。我国拥有广阔的草原，分布在大兴安岭—阴山—青藏高原东麓线以西和以北的内蒙古、青海、新疆、西藏等地，适宜发展牛羊等草食性畜牧养殖，形成适度规模农牧结合。截至2016年年底，我国耕地面积达20.24亿亩[①]，集中在华北、东北、长江中下游等平原地区。这些区域小麦、玉米等谷物资源丰富，盛产蔬菜、水果等经济作物，可适度布局生猪、肉鸡和蛋鸡等养殖密集型和需粮性大的畜禽产业，就近将养殖废弃物合理还田，实现农业废弃物资源利用，从整体产业布局上促进种养结合生态农业有效运行。

二、针对不同规模农场，培育新型经营主体

借鉴意大利的模式，有农田也有养殖的农牧企业或农场可以企业本身为主体，以地定养，内部消纳种植、养殖废弃物。中小型养殖场可自发成立合作社，养殖场付费将畜禽粪污运送至合作社自建的沼气发电企业进行集中生物发酵，生产再生能源；也可以发挥当地龙头农牧企业的作用，对粪污进行集中收运处理，政府给予补贴的形式。沼气发电完的沼渣和沼液按照粪便来源运回各自的牧场，养殖户的自有牧场需要消纳这些沼渣和沼液。

---

① 1亩≈667m²，15亩=1hm²。全书同。

近年来，我国城市化水平不断提升，农村劳动人口不断减少，为发展适度规模家庭农场提供了客观条件。家庭农场种养结合可以实现种养内部循环，更加灵活、高效地实现种养结合生态农业的综合效益。根据农业农村部统计，至2016年，我国从事畜牧养殖业的家庭农场达到8.7万个，其中种养结合型家庭农场4.4万个，比2015年增长43.6%，家庭农场逐渐成为种养结合的重要经营主体。政府可采取措施，加强对种养结合家庭农场的政策支持，以家庭农场内部消纳或成立合作社的形式对畜禽粪污进行消纳。

三、构建养分管理体系及补贴措施

发达国家可持续的生态农业发展模式离不开各项政策的保障。进入21世纪，我国环保、农业管理部门已经相继出台多项政策防治畜牧业污染，促进了畜禽废弃物的无害化处理。2014年发布实施的《畜禽规模养殖污染防治条例》从总体上规范了养殖标准，鼓励和支持采取种植和养殖相结合的方式消纳养殖废弃物，促进畜禽粪污的就地就近利用。我国目前虽然已经建立了专门的畜禽养殖污染防治政策体系，但仍缺乏具体的科学规划，存在落实不到位、实施力度低等问题，应从国家战略高度推行种养结合养分管理体系，严格制订、实施养分管理计划。首先，应从饲料配方入手，精确测算成分及其特性，减少过量养分进入动物体内，添加一定数量的氨基酸和酶制剂，减少畜禽粪污中的有害物质；其次，应规范粪污还田制度，根据各地气候条件和《畜禽粪污土地承载力测算技术指南》，确定粪肥还田时间和数量标准，充分消纳粪肥养分，防止二次污染。为鼓励企业源头减排、过程控制和末端利用，给予补贴等措施鼓励。

四、着力改善农业农村发展环境，提高农业劳动者整体素质

农民是推进种养结合生态农业发展的主体，农业劳动者的整体素质是实现种养结合生态农业系统的关键。与发达国家相比，受社会和历史因素影响，我国农业劳动人员年龄偏大，文化水平较低，提升农业劳动者的整体素质是整个农业发展的必然要求。因此，要努力改善农业农村发展环境，完善基础设施，加大农业农村发展的支持力度，吸引青年人才投身于农业生产，培养新一代懂农业、善经营、有职业感的高素质农民，为农业农村发展注入新鲜动力。另外，基层政府还应积极宣传农业农村发展新政策、农业生产新技术，组织龙头企业、专业合作社等相关经营主体为农民进行种养结合技术培训，开展经验交流会，提高劳动力职业技能，保证农民掌握种植与养殖的综合生产和经营技能。

五、发展有机农业，提高经营收入

种养结合本身就是农业生态循环的发展方式，种植业、养殖业之间资源循环利用，经过处理后的动物粪便作为有机肥能够增加土壤有机质，为发展有机农业创造条件。发展种养结合生态农业系统要抓住机遇，随着人民生活水平和健康饮食意识的提高，有机农产品市场需求越来越大。充分利用种养

结合生态农业生产系统的天然优势，积极申请有机农产品认证，打造知名品牌，提高农产品附加值，增加经营收入。种养结合生态农业生产系统可以开展"猪—沼—菜""猪—沼—果""果—鸡—草""牧草—作物—牛/羊"等多种生态农业生产模式，提升土壤有机质含量，降低化肥、农药残留，提供绿色、健康的有机绿色食品。

第四章 生态种养模式的构建方法

第一节 生态种养的核心理念

原始农业只是为了维持生存依靠本能的简单农事活动。传统农业是为了满足日益增长的人口需求而借助工具的农业活动。近代农业是在工业快速发展的大背景下依靠农药化肥以及农业机械提高农业生产效率的农业活动。现代农业则更注重"绿色循环高效",是以农业可持续发展、农民增收为目标,在农业生产实践中形成的兼顾农业的经济效益、社会效益和生态效益的农业活动。生态种养强调运用生态学和系统论的原理和方法,以作物、家畜、鱼类、林木、土壤为物质基础所构成的一个非闭合的物质循环和能量转化体系。通过农业废弃物的多级循环利用,如秸秆、畜粪等的利用,实现农业废弃物肥料化、能源化、饲料化和再加工,促进农业生态与经济良性循环,促进农业增效、农民增收、乡村振兴,实现农业供给侧改革和绿色优质农产品发展,确保农业可持续发展。

生态种养模式需要遵循6个理念:整体、生态、循环、高效、经济、可持续。

一、整体

传统农业的畜禽养殖主要以散养为主，养殖规模较小且分布比较分散，周围的农田基本能完全消纳养殖产生的畜禽粪便，养殖不会对周围生态环境造成污染。现代规模化的农业生产割裂了传统农业中种植与养殖业间的天然有机联系，种植业和养殖业各自独立，呈现单程性结构。种植业依靠大量农药、化肥的投入获得高产，养殖业产生的废物不再被种植业及时、有效消纳，不利于资源节约和利用。生态种养结合模式充分利用生物多样性与互补性的原理，运用生态学和系统论的原理和方法，将农业生产资料与其农业环境作为一个整体，强调生态系统的整体性，让种植业为养殖业提供饲料，养殖业为种植业提供有机肥源，通过系统内部的物质和能量循环转换与利用，提高生产与生活有机废弃物资源化利用率。

我国的生态种养结合不仅仅是小农业的发展，而是经济、生态、社会的综合发展。要发展与农林牧渔相关的种植业、养殖业以及有关的农业基础配套设施的综合经营体系，在有限的土地上最大限度地利用生态系统，减少农业活动对生态环境破坏，使涉及生态系统的生产、建设和服务方面的功能达到效益最大化。生态种养应始终遵循整体、协调、循环、再生的原则对农业产业结构进行调整。充分利用各产业的特性，强化各产业间关联性、协调性和互动性，通过产业功能的互补和延伸，促进多产业融合、多种植制度结合、多种植类型结合、优化种养结构与农业内部融合，达到各产业在自然再生产过程和经济再生产过程的有效耦合，实现农业、林业、渔业、畜牧业的共同发展，节约各产业单项经营成本，提升农业综合生产实力，增加绿色有机优质农产品有效供给的同时实现经济效益最大化。

二、生态

生态种养结合倡导循环利用农业资源、保护生态环境，实现"低开采、高利用、低排放"，减少化肥农药等农资的使用量，提高资源利用率，最大限度地减少污染物排放，实现绿色生产和绿色消费。确保产出的农产品是健康、绿色、安全环保的同时保障农业生态环境的安全可持续。

三、循环

生态种养是把传统"资源—产品—污染排放"的"单向单环式"的线性农业，改造成"资源—产品—再生资源—产品—再生资源"的"多向多环式"与"多向循环式"相结合的农业综合模式。强调在输入端减少投入，在中间生产中减少资源消耗，在输出端减少废弃物产生，实现源头控制和全过程生产管理。把农业生产过程中产生的秸秆、粪便等中间资源纳入农业生产循环过程中，在生态链条上通过资源再生、物质循环，对农业废弃物减量化生产。通过种养结合实现资源高效利用和废弃物零排放，最大限度地减轻环境污染和生态破坏。

四、高效

生态种养结合与现代农业发展模式的不同之处主要表现在不破坏农业生态环境的前提下，追求农业可持续发展以及经济效益最大化，这就要求生态农业要遵循持续的、高效的、适应市场经济发展的要求。生态高效种养模式使用各种先进的农业生产技术，如水肥智能调控技术、防震减灾技术、水土保持技术和能源开发技术，来实现种养结合农业生态系统的高经济效益、高环境效益、高资源利用率等综合指标的高效特征。通过将种植业与养殖业结合起来，对农业种植废弃物和养殖废弃物的循环和能源的再生利用，可以有效地降低生产成本、提高农业生产的效率，实现高效的、最大化的经济利益，具有协调性、发展性和可持续性。

五、经济

种养结合模式的发展对农业生产资料实行循环且可持续的深层次开发和利用，促进社会经济效益的有效提升，增加产出，降低生产劳动成本，提高农民收入，促进农村经济发展。实现农业与畜牧业的共同发展，畜牧业可以为农业提供绿色肥料，减少农业化肥农药的使用量，大大降低化肥农药的污染，有效地节约农业生产成本，而农业种植可以为畜牧业提供饲料，实现两者之间的良性循环，提升农业和畜牧业的经济效益，推动畜牧业的可持续发展，同时保护了农村生态环境，节约农业生产成本。

六、可持续

生态种养模式集中体现了农业可持续发展理论的要求，通过生态种养模式的构建把农村的经济和社会经济建设、环境保护有机结合起来，要求农业生产在保证人类健康和生产安全的前提下，既要保证农业生产的良性循环，提高自然资源的利用率，减少环境污染，又要提高农业产品的安全性，保障农业生态的可持续发展。

第二节　生态种养的基本原则

一、坚持生态环境保护、经济发展并重的原则

自然是人类生存与发展的基础，不能以牺牲自然环境为代价，片面追求高经济效益。习近平总书记提出"绿水青山就是金山银山"的科学理念，农业发展必须坚持节约资源和保护环境的基本国策。发展生态种养模式，要兼顾经济效益、生态效益及社会效益，利用生物种间互补原理，全面规划，整体协调，物质循环，多级利用，发展经济和资源开发与环境保护相结合，兼顾稳产与环境可持续。

二、坚持因地制宜、循序渐进的原则

各个地区在自然条件、社会经济方面的发展水平具有差异性。生态种养模式构建要根据地区的土壤、气候、水源、地理条件，考虑社会经济因素，结合所在区域的特点，主要依托当地优质资源和产业基础，把握传统农业存在的优势，合理选择适合自身发展的模式，发展因地制宜的生态种养结合，确保产销衔接，促进地区协调发展。如在牛羊为主的养殖地区，可

采用"牧草—农作物—牛/羊"种养模式，根据牛羊的饮食需求配置规划合理的作物种植面积，再将牛羊粪处理后还田，以有机肥的方式为作物提供营养。在水资源丰富的地区，可以实行"水稻—菌菇—鱼/鸭"的种养结合模式。在适宜养猪业发展的区域，可实行"沼液发酵—小麦/玉米蔬菜"的模式，或者采取"果/菜/茶—沼"等组合型生猪生产种养循环模式，合理布局调整建设大中型农牧场。难以达到种养平衡的丘陵地区，可利用水、土、阳光和草地等自然资源，发展天人合一的农户和小规模生态立体养殖。

三、坚持"种养结合、适度规模、规范生产、生态平衡"的指导原则

优化种植和畜禽养殖结构，建立保护环境绿色发展新机制，坚持生态效益和经济效益相统一。在实行种养结合的过程中要充分考虑生态环境的承受能力，对于无法进行大规模规划的区域，可以开展试点工作，循序渐进。在生产过程中要规范各个流程，科学统一。

实际国内外种养结合的根本核心就是"以地定畜"，与我国现在提倡的"以种带养、以养促种"的种养结合发展模式思路是一致的。根据区域畜禽养殖规模或者畜禽养殖场养殖规模来估算产生的畜禽养殖废弃物养分量，从而设计匹配的作物种植规模，或者根据区域作物种植规模来设计畜禽养殖规模，保持系统的养分循环动态平衡，科学制订种养方案。在农作物种植方面，选择品质优、抗性好、产量高、生育期适中的品种。在作物生育期的衔接上，注意生育期长短结合、喜阳喜

阴搭配、深根浅根搭配、粮食与经济作物搭配、用地与养地搭配。在畜禽养殖方面应选择适应市场需求、易养殖、风险小、品质优的品种。对于区域的畜禽养殖和作物种植搭配应遵循系统整体功能和效益最优。

四、坚持农区规划布置适宜原则

适宜的农区规划有利于农区的可持续发展。对于采用生态种养模式的规模化畜禽养殖场，养殖场与周边农田和作物的距离不能太远，缩短距离以降低饲料供给和粪肥转化的成本。沼气发酵设备布局要合理。可以就地铺设管网，将发酵产生的沼液直接输送至沼肥一体化装置混合施用，减少粪肥在人工运输过程中造成的污染，使养殖废弃物最大化地为农业种植利用。

第三节　区域畜禽粪污土地承载力核算与实例

广义的生态种养模式（旱地种养复合模式、水田"四位一体"模式、南方"猪—沼—果"模式、西北"五配套"模式、"生态小镇"模式）涉及的范围广、模式多样、过程复杂，因此对于生态种养模式构建方法，我们选取狭义的生态种养模式"猪—沼—作物"进行讨论。该模式使用范围较广，产生的经济效益较高，可充分利用农业废弃物资源。

所谓种养结合模式构建，就是通过物质养分循环将养殖和种植联系起来，通过评估区域内作物生长所需粪肥养分量和畜禽粪肥养分供给量匹配程度，测算区域或农场土地承载畜禽粪污的最大容许数量，以及对特定规模的畜禽养殖场进行配套种植面积设计，以实现土地可长期承载畜禽粪污、满足作物养分需求和发展环境友好农业三者之间的平衡。本构建方法可根据实际生产中涉及的畜禽种类、畜禽粪污收集处理方式、不同施肥习惯、作物种类进行灵活运用。

一、区域畜禽粪污土地承载力的测算

随着农畜综合系统的发展，将畜禽粪污施用于耕地，提高养殖系统的可持续性的同时，减少了农业面源污染。传统上，有机粪肥一直是我国作物生长的主要肥料。在20世纪50年代，我国农田（不包括台湾、香港、澳门）中90%以上的养分来自有机粪肥。然而，由于我国的畜牧养殖系统和作物种植系统（不包括台湾、香港、澳门）之间的联系不充分，化肥使用量的增加，使得粪肥养分未能充分发挥其潜力。粪肥养分有效利用面临的主要挑战是不同作物对养分的需求、养分的供给以及我国特定地区不同肥料的可利用性等方面的认识不足。考虑如气候等自然因素、作物类型、经济因素，以及施肥比例等社会因素，区域畜禽养殖量特别是商业化规模养殖场，和当地耕地承载能力之间趋于隔离，这已成为世界许多地区农业营养过剩的一个重要驱动因素。有必要准确评估特定地区农田的承受能力，为集约化畜牧场粪肥的有效和可持续利用提供科学依据，并为国家和区域层面畜禽养殖结构和缓解措施提供策略支持。此前，已经有大量关于粪污污染时空特征和畜牧业废弃物的承载能力的评估研究。这些以往的研究主要集中在肥料养分生产总量，用每公顷氮、磷负荷来表示作物的承载能力，但很少关注与作物种植有关的养分供需关系。此外，由于缺乏统一的计算方法，并受动物统计数据局限，以往的研究结果仍存在着一定的偏差。

通过区域土地承载力核算可以揭示农畜综合系统中畜禽粪污污染的区域特征，并提出区域畜禽养殖管理的具体措施。具体目标：准确估计农田的承载能力，并提示其时空特征以及我国大陆与牲畜环境敏感区域；评价不同有机肥与化肥施用比例下作物养分需求与畜禽粪污的潜在养分供应之间的匹配情况。以下列举了区域畜禽粪污土地承载力测算的方法。

（一）测算依据

区域畜禽类污土地承载力测算的文件依据如下所列：

《国务院办公厅关于加快推进畜禽养殖废弃物资源化利用的意见》；

《畜禽粪便还田技术规范》（GB/T 26622—2011）；

《畜禽养殖业污染治理工程技术规范》（HJ 497—2009）；

《畜禽粪污土地承载力测算技术指南》；

《畜禽规模养殖污染防治条例》；

《农业部关于打好农业面源污染防治攻坚战的实施意见》；

《全国规模化畜禽养殖业污染情况调查及防治对策》。

（二）畜禽养殖业粪污养分产生量及排放量估算

通过统计年鉴和实地调研，我们收集到区域内不管是小型家庭农场还是规模化畜禽养殖场的猪、牛（肉牛、奶牛）、羊（山羊、绵羊）、家禽的养殖量（出栏量和年末存栏量）。不同畜禽粪尿氮磷养分排泄系数参考农业部《土地承载力测算技术指南》，利用式（4-1）可以计算各类畜禽通过粪便排泄的氮磷总量（表4-1）。

畜禽粪污养分产生量= 畜禽养殖规模×养殖周期× 氮磷养分排泄系数　　　　式（4-1）

表4-1　不同畜禽（不划分畜禽生长阶段）的日排泄氮、磷量

[单位：kg/（头·天）]

畜禽种类	氮	磷
猪	30	4.50
奶牛	196	32.00
肉牛	109	14.00
家禽	1.2	0.18
山羊	11.3	2.35
绵羊	12.2	0.92

注：参考农业农村部《畜禽粪污土地承载力测算技术指南》

由于各地区各养殖场对畜禽粪污的收集工艺的不同，有干清粪、水冲清粪、水泡粪和垫料等方式，不同收集方式会对粪便养分造成不同程度的损失。我们根据区域内各类畜禽粪污的不同收集利用方式所占比例，以及对应收集方式下氮磷的收集率（表4-2），计算在实际生产过程中可收集利用的畜禽粪污养分含量，见式（4-2）。

畜禽粪污养分收集量= 养分产生量×不同收集利用方式所占比例× 养分收集率

式（4-2）

表4-2　不同畜禽粪污收集工艺的氮、磷收集率　　　（单位：%）

粪污收集工艺	氮收集率	磷收集率
干清粪	88.0	95.0
水冲清粪	87.0	95.0
水泡粪	89.0	95.0
垫料	84.5	95.0

注：参考农业农村部《畜禽粪污土地承载力测算技术指南》

　　在畜禽粪便收集之后，不同地区采用不同的发酵工艺，如厌氧发酵、堆肥、氧化塘、固体贮存、沼液贮存等方式。南方地区多采用沼液发酵的方式，由于处理过程中淋失、流失、氨挥发、反硝化等的作用，会导致氮磷养分的损失。根据研究区域内各类畜禽粪污养分的收集量、不同处理方式所占的比例、对应不同处理方式下养分的留存率（表4-3），计算可供实际利用的养分含量，见式（4-3）。

畜禽粪污养分供给量= 养分收集量×不同处理方式所占比例× 养分留存率　　　　　式（4-3）

表4-3　不同畜禽粪污处理方式的氮、磷养分留存率　　　（单位：%）

粪污处理方式	氮留存率	磷留存率
厌氧发酵	95.0	75.0
堆肥	68.5	76.5
氧化塘	75.0	80.0
固体贮存	63.5	80.0
沼液贮存	75	90.0

注：参考农业农村部《畜禽粪污土地承载力测算技术指南》

（三）种植业作物粪肥养分需求量估算

收集区域内种植业生产信息，主要作物种类、产量、单位产量氮磷养分需求量按照式（4-4）计算作物养分需求量（表4-4）。

作物养分需求量=作物产生量×单位产生量氮磷养分需求量　式（4-4）

由于在实际农业生产中，一方面作物的养分需求可以由植物本身的光合作用、固氮作用提供。另一方面，化肥养分的供给也是作物养分一大来源。因此在估算作物粪肥养分需求量时，需要考虑到施肥供给养分占比、粪肥养分供给占比。不同地区的粪肥占肥料比例可以根据当地的实际情况确定。同时还应考虑到氮磷素养分的利用率，根据农业农村部《土地承载力测算技术指南》，粪肥氮素当季利用率取值范围为25%~30%，磷素当季利用率取值范围为30%~35%。作物粪肥养分需求量可以根据式（4-5）计算得到。

$$作物粪肥养分需求量=\frac{作物养分需求量×施肥供给养分占比×粪肥养分供给占比}{粪肥当季利用率}　式（4-5）$$

表4-4　我国主要作物单位产量氮、磷、钾养分需求量　（单位：kg/t）

作物种类		养分需求量		
		氮	磷	钾
粮食作物	水稻	19.58	8.78	25.63
	小麦	29.20	13.57	27.54
	玉米	24.24	8.56	24.60
	谷子	30.68	9.43	27.83

（续表）

作物种类		养分需求量		
		氮	磷	钾
粮食作物	高粱	24.75	10.88	29.83
	大豆	75.25	16.07	32.50
	马铃薯	5.08	1.56	8.13
	薯类	4.87	4.75	6.90
	其他谷物	24.20	11.05	25.50
油料作物	花生	60.44	10.81	40.73
	油菜籽	56.70	21.38	62.75
	芝麻	80.93	22.33	60.37
	其他油料作物	52.90	18.35	64.00
水果	苹果	4.40	1.88	5.00
	柑橘	3.33	0.77	2.70
	梨	4.75	2.28	4.83
	葡萄	5.90	3.76	7.17
	桃子	4.03	1.58	6.00
其他	棉花	76.25	28.73	82.10
	麻类	57.50	13.35	50.00
	甜菜	4.70	1.22	6.80
	烟叶	36.60	7.66	57.40
	蔬菜	3.98	1.20	5.20
	甘蔗	2.30	0.69	3.20
	茶叶	64.00	14.40	36.00

注：参考农业农村部《畜禽粪污土地承载力测算技术指南》

（四）生态种养模式匹配度评估

在得到区域畜禽粪肥养分供给量和作物粪肥养分需求量之后，我们可以对两者的匹配度进行评估。生态种养模式的匹配度实际是区域内实际畜禽养殖规模与区域最大养殖量之间的比值。我们首先将区域总的粪肥养分供给量转换为单位猪当量养分供给量，见式（4-6）。

$$单位猪当量养分供给量=\frac{区域内畜禽粪污总养分供给量}{养殖规模} \qquad 式（4-6）$$

养殖规模的计算需要将不同畜种的年末存栏量转换为猪当量，猪当量转换系数见表4-5。

表4-5　各畜种的猪当量转换系数

畜禽种类	猪	奶牛	肉牛	羊	家禽
转换系数	1	0.15	0.3	2.5	25

注：参考农业农村部《畜禽粪污土地承载力测算技术指南》

根据区域作物粪肥养分需求总量和单位猪当量养分供给量可以计算出区域内理论最大养殖量，见式（4-7）。

$$理论最大养殖量=\frac{区域内作物粪肥养分需求量}{单位猪当量粪肥养分供给量} \qquad 式（4-7）$$

将区域内实际养殖量与理论最大养殖量作比值，得到畜禽粪污土地承载力指数，见式（4-8），可以用以评估区域畜禽养殖的负荷情况。

$$区域畜禽粪污土地承载力指数=\frac{猪当量的饲养总量}{理论最大养殖量} \qquad 式（4-8）$$

若区域畜禽粪污土地承载力指数大于1，表明该区域畜禽养殖量超载，需要调减养殖量；若区域畜禽粪污土地承载力指数小于1，表明该区域畜禽养殖不超载。

二、规模化畜禽养殖场配套种植面积的设计

本着高效利用畜禽养殖废弃物，减少随意排放对农业环境造成污染的绿色发展原则。对一定规模的养殖场，在充分高效利用所产生的畜禽养殖废弃物资源的前提下，估算可配套的农作物种植面积。

（一）养殖场畜禽粪肥氮磷养分可利用量

对该养殖场内所产生的畜禽粪肥量、收集量、可供给利用量进行估算，计算方法参考式（4-1）、式（4-2）、式（4-3）。

（二）单位面积作物畜禽粪肥养分需求量

养殖场周围可供利用土地的种植作物品种、种植制度等应结合当地实际情况与种植习惯，各种作物单位耕地面积的目标产量可以采用当地当季该种作物的平均产量，单位产量氮磷养分需求量参考表4-4。

单位面积植物养分需求量的计算见式（4-9）。

$$单位面积植物养分需求量 = 作物单位耕地面积目标产量 \times 单位产量氮磷养分需求量 \qquad 式（4-9）$$

根据区域实际农业生产中施肥供给养分占比、粪肥养分供给占比、粪肥的当季利用率，计算单位耕地面积作物粪肥养分需求量，见式（4-10）。

单位耕地面积作物粪肥养分需求量=

$$\frac{单位面积植物养分需求量\times施肥供给养分占比\times粪肥养分供给占比}{粪肥当季利用率}$$

式（4-10）

（三）养殖场需要配套的农场面积

根据养殖场畜禽粪肥养分可利用量和单位耕地面积畜禽粪肥养分需求量，可以计算充分利用畜禽养殖场产生的畜禽粪肥养分所需要的配套作物种植面积，见式（4-11）。

$$养殖场配套土地面积=\frac{畜禽粪污氮磷养分实际就地可利用量}{单位耕地面积作物养分需求量}\qquad式（4-11）$$

生态种养模式的构建需要遵从因地制宜的原则，因此畜禽养殖种类、作物种植结构、种植制度应据当地实际情况确定。同理也可以对特定种植规模、种植结构的农场，估算可配套的畜禽养殖场（养殖结构、养殖规模），发展适度养殖，以达到生态种养、绿色循环，减少化肥农药使用，改善农业环境。

三、山东省市级土地承载力的测算

山东省是我国农业大省，粮食主产区之一，其畜牧产业规模多年位居全国第一，2016年畜牧业实现总产值2 541亿元，增加值1 062亿元，畜牧业一二三产总产值超过7 500亿元。山东省畜禽养殖业发展迅速，由山东省2017年统计年鉴可知，与2000年相比，2016年的生猪、牛和羊的出栏量分别增加了45.0%、38.2%和38.8%，家禽的出栏量增加了106.2%，生猪出栏量全国排名第四，占全国的6.8%，是我国生猪生产大省和全国生猪产业重点发展区。由养殖业带来的畜禽粪污给农田土地带来沉重的负担。据测算，山东省畜禽养殖每年约产生粪尿2.7亿t，其中粪1.8亿t、尿0.9亿t，来自畜禽养殖的COD排放和氨氮排放总量分别占全省的68%、37%。全省每平方千米土地负荷604.7个标准猪单位，是全国平均水平的6.4倍；每公顷耕地负荷12.6个标准猪单位，是全国平均水平的1.9倍。山东省畜禽污染形势严峻。

孙晨曦等通过计算山东省各市畜禽养殖COD、氨氮的排放量，评价了山东省畜禽粪污环境污染现状，杨军香等以山东省统计数据为例，确定了不同种植模式下的土地适宜载畜量，吴金欣等以资源利用最大化和环境影响最小化原则，分析了山东省种植与养殖结构优化配置量化关系，但均未进行时空演变特征的比较和分析。由于养殖结构以及粪污收集处理方式的差异，不同区域和不同时期畜禽粪便的产生量不一致，对环境的污染存在差异，这也就产生了畜禽粪便的时间和空间分布差异。因此，有必要摸清不同时期山东省各市畜禽粪尿及其养分资源量的分布特征和变化规律，为畜禽粪尿养分资源利用提供数据支撑。

目前，国内对于畜禽养殖量较大区域的农田畜禽粪便环境承载力的评估已有较多研究，多采用负荷警报值分级、灰色预测模型对畜禽养殖环境承载力进行评估。由于目前没有统一的畜禽养殖土地承载能力的计算方法，本节在结合前人研究的基础上，结合山东省的实际情况，时间分布选取近10年山东省年鉴数据，空间分布选取山东省2017年分市年鉴数据，对畜禽粪便养分供给量、植物粪肥养分需求量进行核算，采用畜禽粪污土地承载力指数对各区域农田畜禽粪污负荷进行评估，分析山东省不同时间不同区域畜禽粪便年排放量及负荷的差异，并进行分析比较，揭示不同区域的畜禽粪便负荷与污染特征及其动态变化规律，为优化畜禽养殖结构、推动区域畜禽养殖绿色发展、实现农业可持续发展提供理论参考。

（一）土地承载力的估算方法

1. 农作物粪肥养分需求量

农作物种类、播种面积、产量来自山东省2017年统计年鉴。每100kg产量氮、磷养分的需求量参考《土地承载力测算技术指南》（表4-6）。

表4-6　山东省主要作物产量及形成100kg产量吸收的氮、磷养分量

作物种类		播种面积（万hm²）	总产量（万t）	100kg产量氮移走量（kg）	100kg产量磷移走量（kg）	全年氮移走量（t）	全年磷移走量（t）
粮食作物	水稻	105 760	880 800	2.20	0.80	19 377.6	7 046.4
	小麦	3 830 270	23 445 900	3.00	1.00	703 377.0	234 459.0
	玉米	3 206 930	20 649 500	2.30	0.30	474 938.5	61 948.5
	谷子	17 950	57 100	3.80	0.44	2 169.8	251.2
	高粱	4 170	13 100	2.29	0.61	300.0	79.9
	大豆	132 680	357 200	7.20	0.75	25 718.4	2 671.9
	薯类	201 400	1 571 500	0.45	0.10	6 993.2	1 571.5
	其他	1 793	6 600	2.43	1.17	160.4	77.2
油料作物	花生	739 740	3 215 552	7.19	0.89	231 198.2	28 522.0
	油菜籽	8 935	22 980	4.30	2.70	988.1	620.5
	其他油料作物	691	1 258	5.19	1.90	65.3	24.0

（续表）

作物种类	播种面积（万hm²）	总产量（万t）	100kg产量氮移走量（kg）	100kg产量磷移走量（kg）	全年氮移走量（t）	全年磷移走量（t）
棉花	465 200	548 000	11.70	3.04	64 116.0	16 659.2
麻类	152	420	3.50	0.37	14.7	1.5
甜菜	13	182	0.48	0.06	0.9	0.1
烟叶	24 702	66 067	3.85	1.21	2 543.6	799.4
蔬菜及食用菌	1 869 266	103 270 481	0.43	0.14	446 128.5	146 644.1
瓜果类	286 716	15 268 916	0.50	0.30	75 581.1	45 043.3

山东省土地可承纳的粪肥氮（磷）总量计算见式（4-12）。

$$A_{n,i} = \sum (P_{r,i} \times Q_i \times 10^{-2}) + \sum (A_{t,j} \times Q_j \times 10^{-3}) \qquad 式（4-12）$$

式中，$A_{n,j}$代表区域内植物氮（磷）养分需求总量，t/a；$P_{r,i}$代表区域内第i种作物总产量，t/a；Q_i代表区域内第i种作物的100kg收获物需氮（磷）量，kg；$A_{t,j}$代表区域内第j种人工林地总的种植面积，hm²；Q_j代表区域内第j种人工林地的单位面积年生长量需要吸收的氮（磷）养分量，kg/hm²。

植物的粪肥养分需求量按式（4-13）计算。

$$A_{n,m} = \frac{A_{n,i} \times FP \times MP}{MR} \qquad 式（4-13）$$

式中，$A_{n,m}$代表区域内植物粪肥养分需求量，t/a；$A_{n,i}$代表区域内植物氮（磷）养分需求量，t/a；FP代表作物总养分需求中施肥供给养分占比，%；MP代表农田施肥管理中，畜禽粪肥养分需求量占施肥养分总量的比例，%；MR代表粪肥当季利用率，%。粪肥氮素利用率25%～30%，磷素当季利用率30%～35%。

根据山东省土壤养分特征（表4-7）和表4-8，确定土壤氮磷养分分级为I级，施肥供给占比为35%。有机肥与化肥配施比例按25%计算。粪肥氮磷素当季利用率参考《土地承载力测算技术指南》分别取30%、35%。

表4-7 山东省耕地土壤养分特征

有机质 （g/kg）	全氮 （g/kg）	全磷 （g/kg）	全钾 （g/kg）	碱解氮 （mg/kg）	有效磷 （mg/kg）	速效钾 （mg/kg）	缓效钾 （mg/kg）
15.00	1.02	0.64	13.30	121.90	49.80	152.00	682.00

数据来源：2016年山东省耕地质量监测报告

表4-8 土壤不同氮磷养分水平下施肥供给养分占比推荐值

项目	土壤氮磷分级		
	I	II	III
施肥供给占比	35%	45%	55%
土壤全氮含量（g/kg）			
旱地（大田作物）	>1.0	0.8～1.0	<0.8
水田	>1.2	1.0～1.2	<1.0
菜地	>1.2	1.0～1.2	<1.0
果园	>1.0	0.8～1.0	<0.8
土壤有效磷含量（mg/kg）	>40	20～40	<20

2. 畜禽粪肥总养分供给量

山东省畜禽数量数据来源于2017年山东省统计年鉴，畜禽种类主要包括猪、牛、山羊、绵羊、家禽、兔。不同畜禽的氮磷日排泄量参考《土地承载力测算技术指南》（表4-9）。

表4-9　2016年山东省不同畜禽（不区分畜禽生长阶段）的日排泄氮、磷量

动物	年存栏量（万头）	日排泄氮量 g/（头·d）	日排泄磷量 g/（头·d）
猪	2 764.09	30.00	4.50
牛	495.65	109.00	14.00
山羊	1 173.85	11.30	2.35
绵羊	1 023.80	12.20	0.92
家禽	65 733.46	1.20	0.18
兔	2 741.80	7.36[注]	1.81[注]

[注]　兔的日排泄氮、磷量参考：郭德杰，吴华山，马艳等. 集约化养殖场羊与兔粪尿产生量的监测[J]. 生态与农村环境学报，2001，27（1）：44-48.

畜禽粪便养分产量量按式（4-14）计算。

$$Q_{r,p} = \sum Q_{r,p,i} = \sum AP_{r,i} \times MP_{r,i} \times 365 \times 10^{-6} \qquad 式（4-14）$$

式中：$Q_{r,p}$代表区域内畜禽粪便养分产生量，t/a；$Q_{r,p,i}$代表区域内第i种畜禽粪便养分产生量，t/a；$AP_{r,i}$代表区域内第i种动物年均存栏量，头（只）；$MP_{r,i}$代表第i种动物粪便中氮磷的日产生量，g/（头·d）。

畜禽粪污养分收集量按式（4-15）计算。

$$Q_{r,c} = \sum Q_{r,c,i} = \sum\sum Q_{r,p,i} \times PC_{i,j} \times PL_j \qquad 式（4-15）$$

式中，$Q_{r,c}$代表区域内畜禽粪污养分收集量，t/a；$Q_{r,c,i}$代表区域内第i种畜禽粪污养分收集量，t/a；$Q_{r,p,i}$代表区域内第i种畜禽粪污养分产生量，t/a；$PC_{i,j}$代表区域内第i种动物在

第j种清粪方式所占比例，%；PL_j代表第j种清粪方式氮（磷）养分收集率，%。

不同畜禽粪污的处理方式氮、磷养分收集率与留存率参考《土地承载力测算技术指南》（表4-10，表4-11）。

表4-10　不同畜禽粪污收集工艺的氮、磷收集率　（单位：%）

清粪方式	氮收集率	磷收集率
干清粪	88	95
水冲清粪	87	95

注：不同清粪比例按全国的干清粪占72%，水冲清粪占28%

表4-11　不同畜禽粪污的处理方式氮、磷养分留存率　（单位：%）

处理方式	氮留存率	磷留存率
厌氧发酵	95	75
固体贮存	63.5	80
堆肥	68.5	76.5

注：不同畜禽粪污处理方式按全国厌氧发酵占7%，固体贮存占92%，堆肥占1%计算

畜禽粪肥总养分供给量按式（4-16）计算。

$$Q_{r,Tr} = \sum Q_{r,Tr,i} = \sum \sum Q_{r,c,i} \times PC_{i,k} \times PL_k \qquad 式（4-16）$$

式中，$Q_{r,Tr}$代表区域内畜禽粪污处理后养分供给量，t/a；$Q_{r,Tr,i}$代表区域内第i种畜禽粪污处理后养分供给量，t/a；$PC_{i,k}$代表区域内第i种动物在第k种处理方式所占比例，%；PL_k代表第k种处理方式氮（磷）养分留存率，%。

3. 区域畜禽粪污土地承载力

将山东省的总粪肥养分供给量按式（4-17）折算成单位猪当量养分供给量。

$$NS_{r,a}=\frac{Q_{r,Tr}\times1\,000}{A}\qquad\text{式（4-17）}$$

式中，$NS_{r,a}$代表单位猪当量粪肥养分供给量，kg/（猪当量·a）；$Q_{r,Tr}$代表区域内畜禽粪污总养分供给量，t/a；A代表区域内饲养的各种动物根据猪当量换算系数，折算成猪当量的饲养总量，猪当量。

注：将不同的畜禽换算成猪当量，换算比例为30只蛋鸡折算成1头猪，60只肉鸡折算成1头猪，1头奶牛折算成10头猪，1头肉牛折算成5头猪，3只羊折算成1头猪，1只猪相当于60只兔。

区域畜禽粪污土地承载力按公式（4-18）计算，得到山东省理论最大养殖量（以猪当量计）。

$$R=\frac{NU_{r,m}}{NS_{r,a}}\qquad\text{式（4-18）}$$

式中，R代表区域畜禽以作物粪肥养分需求为基础的最大养殖量，猪当量；$NU_{r,m}$代表区域内植物粪肥养分需求量，kg/a；$NS_{r,a}$代表猪当量粪肥养分供给量，kg/（猪当量·a）。

将山东省各种畜禽实际存栏量（以猪当量计）除以区域最大养殖量（以猪当量计）得到区域畜禽粪污土地承载力指数，计算公式如下式（4-19）：

$$I=\frac{A}{R}\qquad\text{式（4-19）}$$

式中，I代表区域畜禽粪污土地承载力指数；A代表区域内饲养的各种动物，根据猪当量换算系数，折算成猪当量的饲养总量，猪当量。

（二）畜禽资源空间分布特征

由于各市养殖结构具有差异，其畜禽粪便的产生和粪便中养分排放也随空间分布出现差异性。选取2016年数据，对山东省17个市的作物养分需求量、畜禽粪污养分供应量进行估算，将不同畜种产生的畜禽粪便量统一换算为猪粪当量，计算各市畜禽粪污土地承载力指数，分析山东省畜禽粪污土地承载力空间分布特征。

1. 畜禽粪肥氮、磷养分供给量空间分布特征分析

2016年山东省畜禽粪便氮、磷养分总量为95.5万t、14.6万t，主要来源于猪、牛、家禽粪便，分别占总养分量的31.4%、19.0%、29.9%。根据不同畜禽种类不同粪污收集方式下氮、磷养分的收集率，估算实际畜禽粪污氮、磷养分收集量为83.8万t、13.8万t。由于不同畜禽种类在不同粪污处理方式下氮、磷养分的留存率不同，估算山东省2016年畜禽粪污产生的可供植物利用的氮、磷养分量为55.1万t、11.0万t。山东省有机肥资源量巨大，降低化肥施用量的潜力大。

从各市的畜禽养殖规模来看，规模大的地区主要分布在鲁西南、鲁中南区域。潍坊市和德州市达到了千万级别，分别为1 015.1万头、1 146.1万头，是山东省养殖大市，分别占全省的11%、12.4%。莱芜市养殖规模属山东最小，为95.4万头，仅占全省的1%。

由于不同区域养殖规模、养殖类型的分布不同，其畜禽粪便的产生以及粪肥氮、磷养分供给量也存在差异。综合来看，畜禽粪尿养分资源量的空间分布与畜禽养殖规模空间分布相似。畜禽粪便氮养分供应量排名前五的市与磷养分供应量排

名前五的市具有一致性，分别是潍坊市、济宁市、临沂市、德州市、菏泽市，五个市的畜禽粪尿氮磷养分总量分别约占全省总量的50.6%、51%。其中氮、磷养分供应量最高是菏泽市，分别为68.3万t/a、14.3万t/a，占全省畜禽粪便氮、磷养分供应量的10.9%、11.4%。氮、磷养分供应量最低是莱芜市，分别为0.74万t/a、0.16万t/a，占全省畜禽粪便氮、磷养分供应量的1.2%、1.3%。畜禽粪便氮、磷养分在局部地区的集中产生和排放，给当地的水环境造成了很大的压力。

2.各市农作物氮、磷养分需求量空间分布特征分析

根据2016年山东省各种作物播种面积和产量，以及中等肥力和中等产量下的粮食作物和蔬菜作物氮、磷养分需求量，估算山东省适宜氮、磷养分需求量分别为205.4万t、54.6万t。根据山东的施肥习惯，计算出区域内植物通过畜禽粪肥途径的氮、磷养分需求量分别为59.9万t、13.7万t。在不考虑粮田秸秆还田的条件下，来自畜禽粪污的氮、磷养分供给量未超过植物粪肥需求量，还需要施用化肥进行氮磷素的补充。

山东省是农业大省，2016年农作物总播种面积约1 097.3万hm^2，其中排名前五的城市分别为：菏泽市134.4万hm^2、潍坊市102.0万hm^2、临沂市100.9万hm^2、德州市100.3万hm^2、聊城市96.9万hm^2，分别占总播种面积的12.2%、9.3%、9.2%、9.1%、8.8%。从山东省植物粪肥氮、磷养分需求量空间分布图可以看出，植物粪便氮养分需求量排名前五的市分别为：潍坊市、济宁市、临沂市、德州市、菏泽市；植物粪肥磷养分需求量排名前五的市分别为：聊城市、济宁市、临沂市、德州市、菏泽市。其中植物粪肥氮、磷养分需求量最高是菏泽

市，分别为7.1万t/a、1.7万t/a，占全省植物粪肥氮、磷养分需求量的12.7%、12.6%。

3.农田畜禽粪污土地承载力空间分布特征分析

将山东省作物粪肥养分需求量换算成以猪当量计的最大养殖量，来表示畜禽粪污土地承载力。氮、磷养分的土地承载力分别为8 925万头、10 191万头。计算区域畜禽粪污土地承载力指数I，以氮养分为基准时I=0.92<1，以磷养分为基准时I=0.81<1。分别以氮磷养分为基准时，该区域内土地消纳畜禽粪污均不超载。基于氮和磷测算的结果进行比较，取两种计算结果的较低值为该区域的承载量，即山东的最大承载量为8 925万头。2016年山东省的养殖规模为8 211.7万头，相较于最大畜禽承载量还有一定的发展空间。

各市畜禽粪便污染风险差异较大，其中青岛、淄博、济宁、聊城、菏泽以氮、磷为基准的I值均小于1，土地不超载，还能容纳一定量的畜禽粪污。济南、枣庄、烟台、泰安、威海、日照、莱芜、临沂以氮、磷为基准的I值均大于1，畜禽粪污量超过了农田的承受能力，农田畜禽污染风险较大。而莱芜市土地承载力指数I均超过2，分别为2.12和2.34，这说明莱芜市的畜牧业排放的粪污远远超过农田消纳的量，畜禽固液粪便的氮、磷必须部分外输到其他有机肥缺乏的区域，才能解决莱芜市农田土壤氮、磷负荷过量问题。而东营、潍坊、德州、滨州四市以氮为基准的I值均大于1，以磷为基准的I值均小于1，说明该市来自畜禽粪污的氮素盈余明显，而磷素的供给量低于农田作物磷养分需求量，还需要来自化肥的磷素补充。

（三）畜禽资源时间分布特征

由于经济的发展以及产业结构的调整，近年来山东省养殖结构不断发生变化，牛、山羊、兔养殖量逐年减少，猪、绵羊、家禽养殖量逐年增加，其中绵羊的养殖量从2007年的324.35万只增加到2016年的1 023.8万只，10年间增加了215.6%。总体来看，近十年山东省的畜禽养殖规模总体呈上升趋势，增幅达7.9%。选取2008—2017年山东省统计年鉴数据，对山东省作物粪肥养分需求量、畜禽粪污养分供应量以及历年畜禽粪污土地承载力指数进行估算，分析山东省畜禽粪污土地承载力时间分布特征（图4-1）。

总体来看，分别以氮、磷养分为基准的各曲线变化趋势具有一致性。由于山东省种植业的发展，近年来全省种植面积呈小幅上升的趋势，从2007年的1 072.4万 hm^2，增加到2016年的1 097.3万 hm^2，增长了2.3%。植物对粪肥养分的需求量也呈稳定上升趋势，2007—2016年，氮养分的需求量从54.1万t/a，增加至59.9万t/a，增长了10.7%；磷养分的需求量从12.1万t/a，增加至13.6万t/a，增长了12.4%。畜禽粪肥氮、磷养分供应量在2007—2010年下降，在2010年存在一个最低值分别为52.73万t/a、10.94万t/a，在2010—2012年迅速增加，总体呈现小幅下降的趋势。由图4-1可以看出，畜禽粪肥氮、磷养分供应量随时间变化特征曲线在2010—2012年均有上升趋势，这是由于在该段时间内山东省畜禽养殖规模大幅增加，导致畜禽粪便量增加，畜禽粪污氮、磷养分供应量急剧增加，其中氮养分供应量增加6.5%，磷养分供应量增加5.59%。从指数I随时间变化特征曲线来看，以氮、磷为基准的畜禽粪污土地承载力指数I均呈下降趋势，以氮为基准的I值逐渐小于1，以磷为基准的I值始终小于1，并且两者在2010—2012年均有小幅增加。

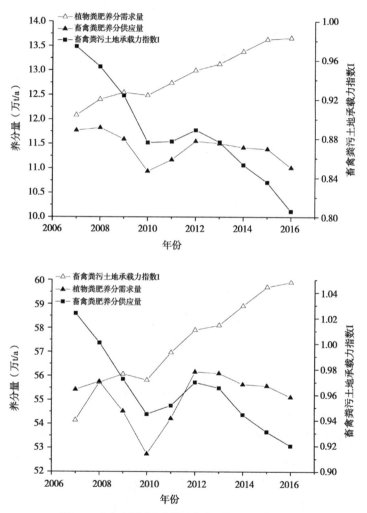

图4-1 山东省区域畜禽粪污土地承载力时间变化特征

（四）小结

研究发现山东省近十年畜禽养殖规模和畜禽粪污氮、磷养分供应量变化趋势相似，但养殖规模趋于增加，而氮、磷养分供应量趋于减少。这主要是由于年际间畜禽养殖结构发生变化，其中牛、山羊、兔养殖量减小，猪、绵羊、家禽养殖量增加，而牛作为氮、磷排泄量最大的畜种在畜禽粪便养分供应量上占了大的比重，其养殖量的大量减少会导致养分供应量与养殖规模变化趋势不完全一致。由于2007—2009年受禽流感的影响，山东省各地区畜禽养殖量显著下降，2010年山东省政府加大对现代畜牧业发展的扶持力度，出台了一系列鼓励畜牧业发展的优惠政策，导致山东省畜禽养殖业得到快速发展，养殖规模在2010年以后有一个迅速增加的趋势。由于烟台、青岛、威海地处沿海发展旅游业和渔业，畜牧业相对较弱，通过计算得出山东省畜禽养殖主要集中在鲁西南、鲁中南、以及德州、潍坊等区域，而鲁东地区畜禽养殖规模整体较小，这与吴金欣等的结果一致。在2010—2012年以氮、磷为基准的山东省畜禽粪污土地承载力指数均有缓慢增加的过程，分析原因可能与这一时期畜禽养殖规模大幅增加有关，根据计算得出在此期间氮、磷养分供应量增幅均大于养分需求量增幅，导致土地需要消纳的畜禽粪污量增加，畜禽粪污土地承载力指数增大。整体来看，近十年山东省以氮、磷为基准的畜禽粪污土地承载力指数均呈下降趋势，说明山东省畜禽养殖排放的粪便资源中氮磷素没有超过土地的承载能力，仍具有一定的消纳空间，而植物所需的氮磷养分不能由粪肥提供的那部分需要通过秸秆还田、化肥施用等方式进行额外的养分补充。

目前，我国畜牧业正处在由传统养殖业向畜禽废弃物资源化利用的现代生态养殖模式转型升级的关键时期。种养结合生产模式有利于保持生态平衡，缓解集约化、规模化养殖带来的环境问题，实现农业可持续发展。以农牧结合、种养平衡、生态循环为原则，加快发展现代生态养殖，促进畜牧产业转型升级，推动养殖环境问题有效解决，是对实现畜禽养殖业可持续发展的要求。山东省作为我国的养殖大省推广种养结合生产模式对我国畜禽养殖废物资源化利用具有示范意义。

为保障山东省各市畜禽粪污被安全消纳，最大限度减少畜禽养殖对环境的影响，促进畜禽养殖业可持续发展，针对山东省畜禽养殖潜在环境风险状态，对各市发展养殖业以及养殖废弃物处理做出以下建议。

一是调整优化畜禽养殖区域布局。近十年山东省畜禽粪污土地承载力逐渐提高，可容纳的畜禽养殖量增加，但根据估算山东省所产生的畜禽粪污已接近于土地所能承载的上限值，故不建议继续扩大养殖规模。其中淄博、济宁、聊城、菏泽等市农田土地对于畜禽粪污还具有一定的消纳空间；东营、潍坊、德州、滨州等市养殖业产生的畜禽废物中氮素超过了农田消纳能力，而磷素不超载，应在维持畜禽养殖量不变的基础上增加化肥磷素的投入；对于济南、枣庄、泰安、日照、莱芜、临沂等市，畜禽粪便的产生量超过了其农田系统消纳能力，在运用种养结合模式时，应对养殖场进行合理选址和设计，确定种养结合模式中养殖场养殖规模与周边农田的合理配置，以保障有足够的农田对产生的畜禽粪污进行安全消纳，多余的畜禽粪污可以采用异地消纳的方式扩大畜禽粪污的消纳半径，如将畜禽粪污运至淄博、济宁、聊城、菏泽等畜禽粪污仍具有一定消纳空间的城市进行处理，同时科学管理和引导合理利用有机肥，控制有机肥施用比例，减少化肥的投入；对于青岛、威海、烟台等沿海旅游城市，应减小畜禽养殖业的规模，尽可能降低环境风险减少养殖废弃物对大气、水环境的污染。

二是严格控制对畜禽粪污的收集处理。对于规模化养殖场产生的大量畜禽粪污应进行统一收集、集中处理；对于散户养殖建议通过沼气池的方式进行收集，促进畜禽废弃物资源化利用。

三是建立对畜禽养殖无害化处理的扶持制度，鼓励通过沼气发酵、堆肥等方式进行无害化处理，减少畜禽粪污的直接还田。

在计算过程中，我们假定将山东省年产生的所有畜禽粪便均匀分布到所有耕地面积上，且没有考虑畜禽粪污省外施用以及畜禽粪便运输条件的影响，而在实际农业生产过程中，畜禽养殖往往集中在某些区域，各地区实际的承载力将与本节计算得到的畜禽养殖承载力存在差别；并且在估算山东省植物粪肥养分需求量时，没有考虑人工林对畜禽粪污的消纳。如果考虑将人工林地作为消纳畜禽粪污的对象，将提高土地对畜禽粪污的消纳量，进一步扩大山东省的畜禽养殖潜力。

通过对2007—2016年山东省以及2016年各市的畜禽粪污养分供给量、植物粪肥养分需求量以及畜禽粪污土地承载力进行估算，得到以下结论。

①近十年来，由于产业结构的调整，山东省不同畜禽种

类养殖规模存在波动，整体来看山东畜禽养殖规模呈现上升趋势。山东省畜禽养殖主要集中在鲁西南、鲁中南以及德州、潍坊等区域，畜禽粪尿资源丰富。由于鲁东地区地处沿海发展旅游业和渔业，畜牧业不发达，畜禽养殖规模整体较小。

②由于山东省种植业的发展，作物粪肥氮磷养分需求量呈逐年上升的趋势，这就要求需要越来越多的畜禽粪便以有机肥、沼渣沼液等形式施入农田，为畜禽粪便安全还田提出了考验。

③济南、枣庄、烟台、泰安、威海、日照、莱芜、临沂的畜禽粪污量超过了农田的承受能力，有潜在的氮磷污染风险，而莱芜市畜禽粪污土地承载力指数超过2，农田畜禽污染风险较大。但总体上看，山东省畜禽粪污土地承载力有增加的趋势，山东省农田消纳畜禽粪便仍然有一定消纳潜力。

四、四川省市级土地承载力的测算

近年来，四川省的畜牧业规模化经营比重不断提高，综合生产能力明显增强，现代化畜牧发展产业体系雏形初现。据国家统计局数据显示，2017年四川省的畜牧业总产值达到2 326.71亿元，位列全国第三，为区域乃至全国畜牧产品消费自给率均做出了巨大的贡献。然而，随着城市化进程持续加快、畜禽养殖业集约化程度的不断提高，畜禽养殖粪污污染已经成为制约畜牧业可持续发展的重要因素。据四川省农业厅数据显示，四川省畜禽粪污年排放量达2.5亿t，占全国的6.5%，而综合利用率仅达62%。

为评估四川省畜禽粪污环境承载力现状，依据畜禽粪便排放系数和粪污含量，计算四川省畜禽粪便环境承载潜力。根据四川实际农用地中的作物类型，估算四川省畜禽粪便污染量和农用地畜禽粪污承载力，评估畜禽粪污负荷预警风险，为科学、合理规划四川省畜禽养殖业布局及发展规模，加快环境优化型、资源节约型现代化畜牧业农牧强省建设提供理论参考。

（一）土地可承纳的粪肥氮（磷）总量

根据《2017四川省统计年鉴》公布的各市各类粮食作物和经济作物的总产量，通过上述计算过程得到四川省各市的植物总养分需求及粪肥养分需求量。具体计算结果见表4-12。

表4-12　四川省各市2016年植物总养分及粪肥需求量

（单位：×10³ t/a）

区域	植物总氮需求量	植物总磷需求量	粪肥氮需求量	粪肥磷需求量
成都	127	27	82	24
自贡	47	11	30	10
攀枝花	9	3	6	2
泸州	58	16	38	14
德阳	69	16	45	15
绵阳	88	19	57	17
广元	60	12	39	11
遂宁	53	11	34	10
内江	59	13	39	12
乐山	37	9	24	8
南充	118	24	77	22
眉山	59	14	38	13

（续表）

区域	植物总氮需求量	植物总磷需求量	粪肥氮需求量	粪肥磷需求量
宜宾	73	18	47	16
广安	63	15	41	13
达州	100	22	65	19
雅安	22	5	14	4
巴中	52	12	34	11
资阳	65	13	42	11
阿坝	8	1	5	1
甘孜	8	2	5	1
凉山	58	14	37	13
全省	1 219	275	790	246

根据表4-12，四川省全省2016年植物的总氮需求量达到1 219 × 10^3t，总磷需求量达到275 × 10^3t；相应的植物粪肥氮需求量达到790 × 10^3t，占全省植物总氮需求量的64.81%；植物粪肥磷需求量达到246 × 10^3t，占全省植物总磷需求量的89.37%；植物粪肥总氮及总磷需求量最大的3个城市从大到小依次均为成都、南充、达州；植物粪肥总氮及总磷需求量最小的3个城市小到大小依次均为甘孜、阿坝、攀枝花。

（二）畜禽粪污氮（磷）养分供给量

根据《四川统计年鉴—2017》公布的2016年年底各市畜禽存栏量，通过上述计算过程计算得出四川省畜禽粪污养分产生总量、畜禽粪污养分收集量、畜禽粪肥总养分供给量以及单位猪当量养分供给量。具体计算结果见表4-13。

表4-13　四川省各市2016年畜禽粪污粪产生量、收集量及供给量

区域	畜禽粪污养分产生量（×10³ t/a）		畜禽粪污养分收集量（×10³ t/a）		畜禽粪污养分供给量（×10³ t/a）		猪当量粪污养分供给量［kg/（猪当量·a）］	
	氮	磷	氮	磷	氮	磷	氮	磷
成都	136	20	119	18	78	14	6.33	1.15
自贡	41	6	36	5	24	4	6.33	1.15
攀枝花	14	2	12	2	8	1	6.37	1.14
泸州	68	10	60	9	39	7	6.39	1.14
德阳	73	11	64	10	42	8	6.36	1.14
绵阳	87	13	77	11	50	8	6.39	1.14
广元	59	9	52	8	34	6	6.40	1.14
遂宁	54	8	48	7	31	6	6.35	1.15
内江	50	8	44	7	29	5	6.33	1.15
乐山	57	9	50	8	33	6	6.34	1.14
南充	111	17	97	14	64	12	6.36	1.15
眉山	47	7	41	6	27	5	6.36	1.15
宜宾	80	12	70	10	46	8	6.38	1.14
广安	63	9	55	8	36	7	6.34	1.14
达州	112	16	98	14	65	11	6.44	1.13
雅安	24	4	21	3	14	2	6.38	1.13
巴中	66	10	58	8	38	7	6.46	1.13
资阳	52	8	45	7	30	5	6.32	1.16
阿坝	80	11	70	9	46	7	6.59	1.06
甘孜	102	14	90	12	59	9	6.43	1.03
凉山	140	21	123	18	81	14	6.23	1.11
全省	1 522	222	1 335	211	878	168	6.38	1.22

从表4-13可以看出，就四川省总体而言，猪当量粪污氮养分供给量可达6.38kg/猪当量，猪当量粪污磷养分供给量可达1.22kg/猪当量。2016年四川全省畜禽粪污氮养分产生量为152.20万t，磷养分生产量为22.22万t。畜禽粪污氮养分产生量最高的五个城市依次均为凉山、成都、达州、南充、甘孜，畜禽粪污磷养分产生量最高的五个城市依次均为凉山、成都、南充、达州、甘孜，畜禽粪污氮养分产生量最低的五个城市依次均为攀枝花、雅安、自贡、眉山、内江。由此可见，四川省的畜禽粪污氮、磷养分产生量的最大值大多分布于川西南至川东北中轴带，而最小值则大多分布于川中及川东南地区。这也符合四川省的农牧产业的地域分布特征——川西南地区畜牧业发达，而其余地区种植业相对发达，该分布特征主要是受到了四川省内地形的影响。畜禽粪污氮磷养分在局部地区的集中产生和排放，给四川的水环境形成了更为严峻的压力。因此，在养殖业污染防治上，要格外重视家禽养殖场粪便和生猪养殖场污水的综合利用和污染治理。

此外，根据畜禽饲养量以及产排污系数，四川省畜禽粪便氮养分产生总量为152.20万t，其中，猪粪便养分产生量最多，为75.83万t，占总量的49.82%；其次是牛的粪便产生量，为38.57万t，占总量的25.34%；家禽的粪便产生量排第三，为29.69万t，占总量的19.51%。猪、家禽和牛的粪便产生量占总量的94.67%，其余畜禽的粪便产生量占比较低。

（三）畜禽粪污土地承载力指数

四川省以畜禽粪肥氮养分为需求最大养殖量（猪当量）

为123 884 997头，以畜禽粪肥磷养分为需求最大养殖量（猪当量）为201 433 750头。四川省以畜禽粪肥氮养分为需求最大养殖量（猪当量）前三的城市均为成都、南充、达州；四川省以畜禽粪肥氮养分为需求最小养殖量（猪当量）前三的城市为攀枝花、阿坝、甘孜（图4-2）。

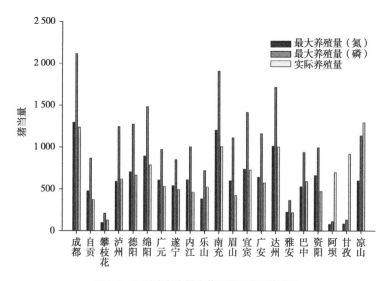

图4-2　四川省各市最大养殖量及实际养殖量

　　比较而言，基于氮计算的城市的承载力值要明显高于基于磷计算的城市。究其原因，土地对磷的承载力小于对氮的承载力，虽然一般畜禽的粪便磷产生系数小于粪便氮，但最终基于磷的允许总量小于基于氮的允许总量。因此，无论以氮计算还是以磷计算，均会有部分城市处于超负荷状态。需要注意的是计算中假定了将一个城市的所有畜禽粪便均匀分布到该省的耕地面积上，也即畜禽养殖在全市为均匀分布。然而，实际中的畜禽养殖往往集中在某些特定区域，这意味着其畜禽养殖更可能超过其允许总量，超负荷的城市也可能会更多，从而给当地土地和水环境造成的压力也更大。

（四）养殖场配套土地承载力测算

通过计算单位面积植物养分需求量、单位面积植物粪肥养分需求量，进而求出区域配套土地面积以及养殖场配套土地承载力指数。计算过程的各项数据见表4-14。

表4-14　四川省各市2016年单位面积作物粪肥养分需求量、配套种植面积及承载力指数

市（州）	单位面积作物平均需氮量（t/hm²）	单位面积作物平均需磷量（t/hm²）	区域配套种植面积（氮，×10³ hm²）	区域配套种植面积（磷，×10³ hm²）	承载力指数（氮）	承载力指数（磷）
成都	0.09	0.03	845	518	1.05	1.71
自贡	0.10	0.03	245	135	1.28	2.33
攀枝花	0.09	0.03	95	44	0.74	1.62
泸州	0.08	0.03	508	241	0.96	2.02
德阳	0.10	0.03	434	239	1.06	1.92
绵阳	0.09	0.03	586	353	1.13	1.88
广元	0.09	0.03	379	236	1.14	1.83
遂宁	0.08	0.02	381	241	1.09	1.72
内江	0.08	0.03	343	208	1.33	2.18
乐山	0.07	0.02	490	261	0.73	1.37
南充	0.08	0.02	768	485	1.20	1.90
眉山	0.09	0.03	308	166	1.42	2.63
宜宾	0.09	0.03	539	281	1.02	1.95
广安	0.08	0.03	438	242	1.12	2.03

（续表）

市（州）	单位面积作物平均需氮量（t/hm²）	单位面积作物平均需磷量（t/hm²）	区域配套种植面积（氮，×10³hm²）	区域配套种植面积（磷，×10³hm²）	承载力指数（氮）	承载力指数（磷）
达州	0.08	0.02	823	485	1.01	1.71
雅安	0.08	0.02	170	104	1.03	1.68
巴中	0.07	0.02	509	286	0.89	1.59
资阳	0.08	0.02	369	246	1.40	2.11
阿坝	0.06	0.01	722	505	6.56	9.86
甘孜	0.06	0.02	978	627		
凉山	0.05	0.02	1 511	797	0.46	0.88
全省	0.08	0.03	11 441	6 700	0.90	1.46

通过表4-14可以看出，四川省理论上的配套种植面积应为11 441×10³hm²，以氮或磷计算的各市理论最大配套种植面积从大到小依次均为凉山、甘孜、成都、达州、南充。以氮为基准计算后，四川全省总体上配套种植面积不足，配套种植面积承载力不足的城市有攀枝花、泸州、乐山、巴中、阿坝、甘孜、凉山。以磷计算的配套面积承载力不足的城市有阿坝、甘孜、凉山。但由于阿坝和甘孜属于川西北地区，该区域的牧区主要分布于高原和山原区域，而我们计算所用的数据仅为播种面积。所以在核算川西北消纳能力时，需考虑高山草原的粪污消纳能力。该区域的草地总面积可达16 457万亩。所以阿坝和甘孜区域总的配套土地承载力指数为6.56（以氮为基准）和9.86（以磷为基准）。即现有的配套面积足以消纳该区域所产生的畜禽粪污。

其他承载力大于1的城市，也存在承载力不足的风险。以氮为基准计算，未超载的各市畜禽粪污土地承载力指数均接近1，表明若该地的畜禽养殖业排放养分氮仍继续直接还田的话，那么已经与该市的耕地承载力基本持平，应及时采取农业面源污染防范措施。而且在配套面积的承载力计算过程中，我们只是选取了年鉴数据中主要的几种畜禽种类进行粪污核算，实际上的畜禽粪污排放量应该略大于我们所估算的值，相应的配套面积承载力的值也应该会更小。

（五）小结

综上，畜禽粪便和养殖废水已经对三峡库区上游的湖库、地下水等水体形成了巨大的污染威胁。在当前的经济技术状况下，禽粪便中的氮、磷还难以有效去除，而土地对畜禽粪便氮磷的承载能力有限，而且畜禽粪便及其处理剩余物长途运移相对不易，因此，理论上对畜禽粪污土地承载力超标的土地进行畜禽养殖总量控制是避免造成严重面源污染的必要措施。

本节内容基于耕地对畜禽粪便氮、磷的承载力，计算了四川省及省内各市的畜禽养殖允许总量，并与实际总量进行了比较分析。2016年，以氮素为基准，全省畜禽养殖允许总量为1.24亿头猪当量，实际总量1.38亿头猪当量，总量使用率为111.29%；以磷素为基准，全省畜禽养殖允许总量为2.01亿头猪当量，远远高于以氮素为基准的允许总量，超过了允许总量。分市来看，以氮素为基准，那么畜禽养殖实际总量超过允许总量的省份主要分布在川东北至川西南中轴带地区，包括成都、攀枝花、泸州、乐山、阿坝、甘孜、凉山地区；自贡、内江、资阳、眉山则是允许总量盈余最大的4个地区；以磷素为基准，则只有阿坝、甘孜及凉山地区的实际总量超过其允许总量。需要说明的是，由于数据资料的限制，我们在计算最大允许总量时，没有考虑由于沼气发酵等畜禽粪便处理技术对氮磷的去除作用。如果考虑畜禽粪便处理技术可以去除一部分氮、磷，那么允许总量还将会有所提高；另外，我们也没有考虑其他人工林对畜禽粪污的消纳影响，如果加入对人工林的消纳量的影响，允许总量可能也会随之提高。倘若氮、磷去除率较高的处理技术今后得到了广泛推广，那么粪便处理将不再是畜禽养殖总量的限制因素。但化肥施用依然是一个需要特别关注的因素。

最后我们也对配套面积承载力指数进行了计算。以氮为基准的计算结果显示，就全四川省而言，目前的配套耕地面积不足以消纳全省的粪污排放量。攀枝花、泸州、乐山、巴中、凉山5市的配套耕地面积也呈现不同程度的消纳能力滞后。而以磷为基准的计算结果显示只有凉山呈现配套土地不足的现象。

目前四川省养分氮磷中的很大一部分来自化肥施用。那么耕地对畜禽粪便的承载力会大幅降低，畜禽养殖允许总量也会相应降低，届时将有更多区域处于赤字状态。定量分析实际上假定了所有畜禽粪便均可以施入耕地，然而，现实中很多养殖场集中在特定区域，附近没有足够的配套耕地，那么其超限程度势必更加严重，对其畜禽总量进行调控更加必要。从畜禽粪便污染防治来看，首先要对畜禽养殖集中区域根据其水环境现状、土壤类别、耕作管理、养殖结构、畜禽粪便处理技术状况，确定允许养殖总量进行整体调控；其次，需要确保区域内部规模养殖场的合理布局，避免局部污染负荷超限；最后，还需要辅以必要的经济制度以促进粪便及其处理剩余物能够进耕地进行消纳，使得氮磷等营养元素循环利用，减少畜禽粪便带来的污染威胁。

五、我国省级尺度土地承载力的测算

畜牧业从小型家庭养殖向集约化农场养殖的转变导致的畜禽粪肥养分的扩散越来越集中。总的来说，在过去的20年里，我国粪肥养分的产量和需求量都有所增加。1996年、2006年和2016年粪肥氮供给量分别为1 133万t、1 284万t和1 199万t，2016年比1996年增长5.8%。1996年、2006年和2016年粪肥磷供应量分别为175万t、200万t和186万t，2016年比1996年增长6.3%。1996年、2006年和2016年，作物氮素需求分别为2 213万t、2 760万t和2 910万t，20年增幅为31.5%，而作物对磷养分需求分别为350万t、442万t和445万t，增幅为27.2%。从以上结果可以看出，粪肥供应的氮素和作物对氮的需求量均大于磷。在一定程度上，氮对植物养分循环的贡献也大于磷，这是因为氮元素构成了核酸、叶绿素、尿素和16%的蛋白质。2009年粪污中12.3×10^9kg氮需求的估值与以往研究估算的2013年14.0×10^9kg，2015年的总氮素排泄量为12.2×10^9kg，作物氮素需求量为18.9×10^9kg总体一致性证实了我们估算我国粪污养分的方法是可靠的。

由于我国各地畜牧业发展不平衡，各地畜禽养殖的数量和构成各不相同。因此，畜禽粪污资源的分布也表现出明显的地域性特征。猪、牛、羊、家禽、马、驴、骡的粪污均具有明显的地域特征。2016年，我国粪污排放量前五省份（山东、河南、四川、湖南、云南）的粪污产量约占全国总粪污产量的39.1%，也是最应予以关注的粪污污染地区。在畜禽集约化养殖省份，畜禽粪污产生量和养分含量较高。在2016年的总粪污中，华北地区占27.0%，西南地区占19.7%，长江中下游地区占19.1%，东北地区占10.0%，而东南地区仅占9.1%，剩下的15.1%来自西北地区。近20年来，东北地区畜禽粪污总量由2.8亿t增加到4.6亿t，增幅达64.3%，西南地区的粪污产量从1996年的6.218亿t增加到9.1亿t，增长46.3%。在华北地区、长江中下游地区、西北地区和东南地区，粪污资源量分别增长了32.0%、11.9%、41.6%和14.2%。粪肥氮、磷养分供给的分布与畜禽养殖量和畜禽粪污资源分布相似。空间上，氮素和磷素的供给主要集中在山东、四川和河南3省，其中粪肥氮的供给分别达到年90万t、100万t和70万t，粪肥磷的供给分别达到14万t、15万t和13万t。

　　2016年，我国大部分农业用地位于东北地区，占全国耕地总面积的20.6%（根据国家数据计算而来）。华北地区、西北地区、长江中下游地区和西南地区占耕地总面积的20.0%、19.1%、18.6%和15.0%。东南地区是沿海地区，全国只有约6.7%的农业用地位于东南地区。从省份来看，由于不同省份的耕地面积、种植制度和施肥制度不同，作物氮、磷养分需求分布具有明显的地理多样性。氮、磷养分需求主要分布在东北地区、西北地区和西南地区。其中，东北地区对粪肥氮、磷的需求量分别达到660万t和100万t，是全国需求量最大的地区，分别占总需求量的22.8%和22.7%。

（一）全国各省区市畜禽承载力指数

粪肥养分增长的地区面临着来自畜牧业潜在的环境挑战。识别这些区域对于做好粪肥养分管理是至关重要的。通过对各省份输入氮（IN）和输入磷（IP）土地承载力指标进行比较，发现IN和IP的指标随时间变化趋势相似（表4-15）。2000—2005年出现了明显的峰值，许多省市在此期间的值都大于1。内蒙古、辽宁、上海、江苏、浙江、安徽、福建、江西、西藏、青海的IN指标均大于IP。重庆和贵州在2011年之前，IN的值大于IP的值，而在2012年之后，IN的值小于IP的值。其余省市的IN值均小于IP值。1996—2016年，全国共有山西、河南、辽宁、吉林、黑龙江、江苏、湖北、湖南、青海、宁夏、内蒙古、西藏、广东、福建等14个省区市的IN和IP指数均在1以下。青海、内蒙古和西藏在过去20年的IN和IP一直低于0.4。吉林、辽宁、黑龙江近10年来的IN和IP一直小于0.5。自2013年以来，天津、河北、山东、上海、浙江、安徽、江西、甘肃、新疆、重庆、贵州、广西、海南、陕西等省区市的指数均小于1，而2000—2005年的指数均超过1。近15年来，云南、四川、北京指数均大于1，2014年以来北京指数均超过2。

表4-15 2016年全国畜禽养殖总量、承载力及氮、磷指数

省区市	养殖数量（万头）	承载力（万头）		指数		分级	
		氮	磷	氮	磷	氮	磷
全国	115 916	266 894	255 468	0.43	0.45	II	II
东北地区	13 009	60 286	61 124	0.22	0.21	I	I
东南地区	10 196	16 543	15 427	0.62	0.66	II	II

（续表）

省区市	养殖数量（万头）	承载力（万头）		指数		分级	
		氮	磷	氮	磷	氮	磷
华北地区	27 099	53 007	44 132	0.51	0.61	Ⅱ	Ⅱ
西北地区	19 359	55 720	58 385	0.35	0.33	Ⅰ	Ⅰ
长江中下游地区	22 457	42 917	41 666	0.52	0.54	Ⅱ	Ⅱ
西南地区	23 797	48 563	52 566	0.49	0.45	Ⅱ	Ⅱ
河南	10 621	26 143	20 201	0.41	0.53	Ⅱ	Ⅱ
四川	9 127	7 177	6 069	1.27	1.50	Ⅳ	Ⅳ
山东	8 229	10 773	8 672	0.76	0.95	Ⅲ	Ⅲ
湖南	6 443	11 388	10 029	0.57	0.64	Ⅱ	Ⅱ
云南	6 334	4 622	3 424	1.37	1.85	Ⅳ	Ⅴ
内蒙古	6 305	23 648	24 772	0.27	0.25	Ⅰ	Ⅰ
河北	5 765	12 017	10 539	0.48	0.55	Ⅱ	Ⅱ
辽宁	5 163	19 792	22 057	0.26	0.23	Ⅰ	Ⅰ
湖北	4 917	8 964	7 308	0.55	0.67	Ⅱ	Ⅱ
黑龙江	4 502	13 808	9 528	0.33	0.47	Ⅰ	Ⅰ
新疆	4 311	9 276	8 591	0.46	0.50	Ⅱ	Ⅱ
广西	3 893	4 864	4 214	0.80	0.92	Ⅲ	Ⅲ
广东	3 867	8 338	7 517	0.46	0.51	Ⅱ	Ⅱ
江西	3 536	4 472	4 749	0.79	0.74	Ⅲ	Ⅲ
甘肃	3 409	4 557	4 187	0.75	0.81	Ⅲ	Ⅲ
贵州	3 377	4 334	4 244	0.78	0.80	Ⅲ	Ⅲ
吉林	3 344	26 686	29 539	0.13	0.11	Ⅰ	Ⅰ
江苏	3 283	8 224	8 975	0.40	0.37	Ⅱ	Ⅱ
安徽	3 164	7 379	7 609	0.43	0.42	Ⅱ	Ⅱ

（续表）

省区市	养殖数量（万头）	承载力（万头）		指数		分级	
		氮	磷	氮	磷	氮	磷
西藏	2 523	16 945	17 722	0.15	0.14	I	I
青海	2 458	12 858	16 159	0.19	0.15	I	I
重庆	2 436	3 096	3 045	0.79	0.80	III	III
陕西	2 032	4 043	3 453	0.50	0.59	II	II
山西	1 654	5 346	4 879	0.31	0.34	I	I
福建	1 616	2 708	2 811	0.60	0.57	II	II
浙江	940	1 741	1 830	0.54	0.51	II	II
宁夏	843	1 338	1 223	0.63	0.69	II	II
海南	821	1 414	1 376	0.58	0.60	II	II
天津	475	505	465	0.94	1.02	III	IV
北京	355	175	151	2.02	2.35	V	V
上海	175	266	311	0.66	0.56	II	II

2016年，全国土地承载力指数IN和IP分别达到0.43和0.45，属于II级类别。东北地区和西北地区为I级，而东南地区、西南地区、长江的中下游和华北地区属于II级。从省份来看，有7个省市被归为一级，14个省市为II级，6省市被划为III级。四川省为IV级，指数分别为1.27和1.50。北京被划分为V级，指数分别为2.02和2.35。天津的IN为III级，IP为IV级，云南的IN为IV级，而IP为V级。

本估算结果得出的全国因畜牧业导致的具有潜在环境问题的区域与以往研究是一致的。北京和天津两市承载力指数的上升是由于快速的城市化和经济的高速发展，减少了耕地面积，减少了粪污的有效消耗空间。此外，气候适宜、降水丰沛、饲料充足的地区如四川、云南和湖南，牲畜的数量和作物的产量往往都大。由于牲畜的集约化养殖，西南地区面临着巨大的环境压力。在内蒙古、青海和西藏，丰富的放牧资源和广阔的地域为粪污养分的消耗提供了充足的空间。在西北地区，由于严重的土地退化，没有足够的土地用于消化畜禽粪肥养分。东北地区作为粮食主产区，仍有一定的畜牧业发展容量。

随着种植业中粪肥施用比例的增加，各省区市可容纳的畜禽养殖业规模的空间增大，但粪肥施用量的比例并没有达到应有的水平。北京、四川、云南等地的实际养殖数量均超过了各地区在有机肥与化肥施用比例2∶8、3∶7、4∶6、5∶5、6∶4等配比下的最大畜禽养殖能力。在贵州，实际养殖数量超过了在2∶8和3∶7配比下的最大畜禽养殖量，但在4∶6、5∶5和6∶4配比下仍有一定的养殖空间。在天津，在2∶8、3∶7、4∶6配比情况下，实际养殖数量超过畜禽养殖能力上限，在5∶5、6∶4配比条件下仍有养殖增长的空间。在2∶8的比例下，23个省区市的实际畜禽养殖总量超过了按氮基计算的畜禽养殖总量，12个省区市的畜禽养殖总量超过了按磷基计算的畜禽养殖总量。在3∶7的比例下，12个省区市的实际畜禽养殖数量超过了按氮基计算的畜禽养殖总量，4个省区市的畜禽养殖总量超过了按磷基计算的畜禽养殖总量。

利用不同有机肥化肥施用比例也可以对区域的畜禽养殖承载力进行识别。增加粪肥施用可以促进畜禽粪污的再利用，但过量施用则会导致农田养分的淋失。在5种配比条件下，吉林、内蒙古、辽宁、青海、西藏、河南6个省区的畜牧业发展潜力较大，而北京、天津、上海、云南、四川、重庆、浙江、宁夏等省区市的畜牧业发展潜力较小。在氮肥比5∶5的情况下，2016年我国畜禽养殖业的增长潜力为15.10亿头（以猪当量计）。按基于氮素承载力计算，畜禽养殖规模增长潜力最大的省份是吉林省，可以增加698.0%，其次是西藏和青海，可分别增加571.6%和423.1%，而要降低的有四川，为-21.4%，云南为-27.0%，北京为-50.6%，这意味着这些省份的实际牲畜养殖数量超过了氮5∶5比例下的畜禽养殖承载力。在磷肥比为3∶7的情况下，2016年我国畜禽养殖增长潜力为13.955亿头。按基于磷的承载力计算，增长潜力最大的省区是吉林、西藏和青海，分别可增加783.4%、557.4%和602.4%，而四川、云南和北京则分别应下降-33.5%、-46.0%和-57.5%。

（二）不同区域粪污管理的策略建议

畜牧业和家禽业的升级发展不断给农业环境带来巨大压力。应高度重视拥有大量畜牧养殖的地区，这些地区的粪肥营养过剩程度相对较高，如北京、四川、天津和云南等地，如果不采取缓解措施，将会造成严重的环境风险。处理、管理和监督粪污的人员应该考虑当地经济政策、地理特征、家畜种类、饲料和养殖规模的变化，因为不同家畜的粪污构成存在显著差异。东南地区水网密集，易受畜禽粪污污染，故应重点控制养殖规模，加强粪污管理调控。作物和牲畜生产之间在空间上的分离是造成养分过剩的重要因素。由于农业生产的繁荣，西南地区的畜牧业应与周边农田合理结合，使粪肥完全被耕地所消耗。西北地区过量的粪污应进一步加工成商业粪肥，然后供应到市场，这可以打破不同地区之间畜牧业的不平衡。北京、天津和河北多余的粪肥便可以送往东北地区等主要农作物产区，扩大其消耗面积。

为了减少总体氮、磷过剩，政府和农场主应该联合起来。政府应加强粪污立法管理，建立粪污无害化处理支持体系，部分替代矿质肥料，实现畜禽粪肥的再循环。集约化畜牧业需要将结构调整、监管和技术改进结合起来。此外，还应进行合理的选址和农场设计，使养殖规模和周围耕地合理结合，并对是否有足够的耕地安全吸收产生的粪污进行验证。

然而，本研究的估算存在不确定性，较大的不确定性主要是来于排泄系数的巨大差异和计算方法的不同。例如，在计算粪污产量时，没有考虑不同牛亚种之间的粪污系数差异，也没有将家禽细分为鸡鸭两类。此外，在数据处理中的近似可能会导致估算的不确定性。利用SPSS的"缺失数据分析"功能替换丢失的数据更会增加与真实值的背离。计算区域平均值可以消除区域差异。在理想化的背景下，我们假设所有的畜禽粪污都平均分配到耕地，忽略了区域差异。在本研究中，我们主要关注的是粪肥、粪肥养分的时空分布以及省级层面上农田的承载能力。为了全面评估我国畜牧业对环境的影响，最好是针对县级的，未来还应该考虑其他因素。例如，营养评估应进一步细化，考虑到养殖周期、牲畜亚种、动物饲料、体重、粪污储存和应用的区域差异。在评估畜牧业对环境的潜在影响时，应考虑水质和温室气体排放。

（三）小结

1995—2016年，我国畜禽养殖和粪污生产的地区间极不平衡，存在较大的不确定性。2016年，畜禽养殖总量为12.91亿头猪当量，畜禽粪污产生量为42.38亿t。畜禽粪肥氮和磷养分供给量分别为1 199万t和185万t，作物对粪肥氮和磷的需求量分别为2 909万t和445万t。基于氮和磷的农田承载力分别为26.69亿头和25.55亿万头猪当量，承载力指分别为0.43和0.45，为Ⅱ级。在氮肥比为5∶5和磷肥比为3∶7的情况下，我国畜禽养殖业的增长潜力分别为15.1亿头和14.0亿头。东北地区和西北地区均为Ⅰ级地区，东南地区、西南地区、长江中下游和华北地区为Ⅱ级地区。在国家层面上，畜牧养殖规模仍在农田的承受能力之内。东北和西北地区的畜禽养殖业仍有较大的发展空间，而华北地区、西南地区、长江中下游地区和东南地区粪肥量应调整加以施用，但并不再建议扩大养殖规模。

第四节　我国生态农业发展模式

目前，国内形成了不同类型的种养循环农业模式，其基本雏形是南方的"猪—沼—果"典型模式及北方"四位一体"循环农业模式。这两种模式都以沼气为接口，实现种养结合。在全球能源转型的大背景下，沼气作为一种新型的可再生能源，在发电、产热方面可以有效替代化石燃料，减少温室气体排放。截至2012年，全国沼气工程达9.20万余处，户用沼气池4 083万余座，生活污水净化沼气池20.85万余处。与此同时，沼气工程的副产品——沼液中含有大量的矿质营养元素，多种蛋白质、氨基酸、活性酶、维生素及抗生素等，可以作为肥料还田，完成种植与养殖两环节中物质和能量循环的闭合，实现农业清洁生产。研究结果表明，与不施用沼液的对照组相比，施用沼液可以提高作物产量8.59%～98%（含主粮作物、蔬菜与水果）。此外，由于沼液中富含丰富的氨基酸、维生素等物质，施用沼液后稻谷和玉米的蛋白质含量均有提高，果蔬中的维生素C、糖分含量（0.60%～17.71%）也有不同程度的提高。且适量的进行沼液灌溉不会造成土壤、作物中重金属的超标，沼液中的硝态氮也不会对周边水体造成污染。

细分区域具体来说，我国种养结合农业发展模式主要有以下几种类型。

1. 按地区分类

有北方地区以多位一体为主的农业生产模式，南方以沼气为纽带的种养结合的农业生产模式，西北地区的"五配套"模式等。北方地区主要以农产品废弃物的综合利用和生态环境改善为主要农业发展模式。南方地区以生物质转换为纽带，形成了农业种植、畜禽养殖与水产养殖的三位一体农业生产模式。

2. 按生态系统类型分类

有农牧结合技术、农渔结合技术、农业微生物结合技术。农牧结合技术是在土地、种植业与养殖业三位一体的农业生态系统中综合利用资源，提高资源利用率和产出率，促进种植业与畜牧业协调发展。农渔结合技术常见的有草基鱼塘、桑基鱼塘、莲田养鱼、稻田养鱼模式。农业微生物结合技术将食用菌和其他生物合理搭配，充分利用气象资源和空间，利用生物物种间的互利效应，构建粮菇型、菜菇型、棉菇型、油菇型等食用菌立体高效益栽培模式，主要模式有稻田套种平菇、稻田套种木耳、玉米平菇立体种植等。例如，我国湖北省在全省推广稻虾共作模式、稻鳖共生模式，在潜江、洪湖、枝江、应城、钟祥各打造百亩示范样板。围绕稻鸭共作绿色生态种养模式，湖北石首、大悟示范推广了水稻绿色生产技术、鸭子生态放养技术等。针对水稻产业与油菜、菇类相结合，湖北省在武穴、浠水等地打造"水稻+油菜"示范样板，在南漳和襄州打造"水稻+菇类"示范样板。山东省鱼台县推广"稻虾共作""藕虾种植"等生态种养模式。宁夏贺兰县通义村推广稻、鱼、蟹、蔬菜共生互补的有机稻生态种植模式。重庆市万州区甘宁镇大山村走上了400多亩"猪—沼—菜"的绿色生态种养模式。

3. 按发展目标分类

有农产品废弃物综合利用模式、生态循环种养殖一体化模式、生态环境改善型模式。

为促进生态农业的发展，2002年农业部向全国征集了370种生态农业模式或技术体系，并遴选出经过一定实践运行检验，具有代表性的十大类型生态模式，并正式将这十大类型生态模式作为农业部的重点任务加以推广。这十大典型模式和配套技术是北方"四位一体"生态模式及配套技术、南方

"猪—沼—果"生态模式及配套技术、平原农林牧复合生态模式及配套技术、草地生态恢复与持续利用生态模式及配套技术、生态种植模式及配套技术、生态畜牧业生产模式及配套技术、生态渔业模式及配套技术、丘陵山区小流域综合治理模式及配套技术、设施生态农业模式及配套技术、观光生态农业模式及配套技术。本书参考了上述农业部遴选的十大类型的生态模式，特别考虑了农田生态系统特点，在接下来的章节中进行了重点梳理。

第五章 北方地区"四位一体"循环模式

第一节 基本概念

"四位一体"农村能源生态模式是一种以沼气为纽带的高产、高效、优质农业生产模式,依据生态学、生物学、经济学、系统工程学原理,以土地资源为基础,以太阳能为动力,以沼气为纽带,种植、养殖相结合,通过转换技术,在农户土地上和全封闭状态下,将沼气池、猪(禽)舍、厕所、日光温室连接在一起的综合利用体系。下面介绍的以沼气为纽带的北方"四位一体"生态种养模式,是农村能源生态模式的一种。

这种生态模式是依据生态学、生物学、经济学、系统工程学原理,以土地资源为基础,以太阳能为动力,以沼气为纽带,进行综合开发利用的种养生态模式。通过生物转换技术,在同地块土地上将节能日光温室、沼气池、畜禽舍、蔬菜生产等有机地结合在一起,形成一个产气、积肥同步,种养并举,能源、物流良性循环的能源生态系统工程。

这种模式能充分利用秸秆资源,化害为利,变废为宝,是解决环境污染的最佳方式,并兼有提供能源与肥料,改善生态环境等综合效益,具有广阔的发展前景,为促进高产高效的优质农业和无公害绿色食品生产开创了一条有效的途径。

"四位一体"模式在辽宁等北方地区已经推广到21万户。

第二节 发展条件

为进一步促进生态农业的发展，2002年农业部向全国征集了370种生态农业模式或技术体系，通过反复研讨，遴选出经过一定实践运行检验，具有代表性的十大类型生态模式，并正式将这十大类型生态模式作为农业部的重点任务加以推广。北方"四位一体"生态模式是其中一种经典模式。

北方平原地区一般指的是包括北京、天津、河北、河南、山东等省市在内的黄淮海地区，主要采用小麦—玉米轮作的耕作制度，水稻、花生、棉花、大豆等作物也有一定量的种植，是我国粮食产地中秸秆产量最多的区域之一。该区域人多地少，资源短缺、环境污染、生态破坏已成为区域农业可持续发展的"瓶颈"。本区域的种养循环模式，一般需要具备以下几个条件。

①有利的自然环境条件。
②相对丰富的农村劳动力资源。
③丰富的沼气生产原料。
④比较发达的农村社会经济条件。

目前，华北平原地区发展的种养循环农业的主要特点是以畜禽粪污、秸秆等农业废弃物的资源化利用为纽带，实现种养相结合，良性循环发展。其中，畜禽粪污主要通过厌氧发酵生产沼气和沼肥，好氧发酵生产有机肥两条途径进入农田；秸秆主要通过饲料化和基质化等途径实现种养循环。

"四位一体"模式可以发展为不同的规模，即可以发展为大、中、小型沼气工程为纽带的种养循环模式，也可以发展以商品有机肥生产、堆肥直接还田为纽带的种养循环模式，秸秆饲料化和秸秆基质化可以作为一个循环纽带。一个种养大县内，一般呈现"一种模式为主，多种模式并存"的格局，我国北方平原地区种养循环农业发展日趋成熟，种养循环产业系统已初步建立并逐渐完善。

第三节　技术要点

"四位一体"模式有4个组成部分：沼气池、畜禽舍、厕所、日光温室（图5-1）。沼气池是北方模式的核心，起着联结养殖与种植、生活用能与生产用肥的纽带作用。畜禽粪和人粪便既可为农户生活提供沼气燃料，又可为温室作物提供沼液沼渣作有机肥料，还可为温室作物的光合作用提供二氧化碳气肥。日光温室是北方模式的主体，沼气池、畜禽舍、厕所、栽培作物都装入温室中。形成全封闭或半封闭状态，既有利于沼气池和畜禽的安全越冬，又有利于温室作物的增温和二氧化碳气肥的施用。太阳能畜禽舍是北方模式的基础，根据日光温室设计原则建造。其在冬季可保温、增温，在夏季可降温、防晒，能使畜禽全年生长，既能缩短畜禽育肥时间、节省饲料、提高效益，又能使沼气池常年产气利用。此外，畜禽的散热和呼吸，还能为温室作物增温和提供光合作用所需的二氧化碳气肥；温室作物的光合作用，还能为畜禽提供呼吸所需的氧气。厕所既方便了人的生活，又增加了沼气发酵的原料，还确保了环境的干净卫生。

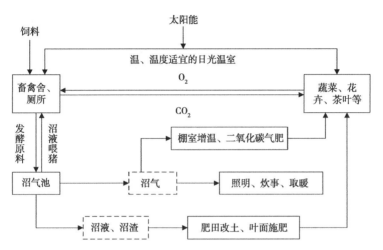

图5-1 "四位一体"模式的沼气生态温室能流、物流

图片来源：付炳中，张绪良.青岛市发展沼气生态农业的条件和对策[J].中国沼气，2009，27（4）：31-34，15.

沼液是生产沼气过程中的副产品，将养殖场固体废弃物、植株秸秆以及养殖场粪污厌氧发酵的过程中产生的废弃物，过滤掉沼渣等固体后的液体，即为沼液。畜禽粪便和植株秸秆经过厌氧发酵后，超过90%的氮进入到沼液中，同时80%～90%的磷和钾也进入到沼液中。沼液除了含有大量植物生长所需的大量元素外还有植株生长必不可少的微量元素，如铁、锌、铜等。同时经过厌氧发酵后的沼液铵态氮含量增加、干物质减少、碳含量减少、碳氮比减少、pH值增加，更有利于土壤—作物—微生物之间平衡生长，维持该系统互利互长的动态平衡。由此以来，沼液安全应用于农田的环节是联系种养结合的关键。在不对环境产生危害的前提下，利用有机养分管理技术实现沼液的安全回用。同时完成种植与养殖两环节中物质和能量循环的闭合，实现农业清洁生产。

在实际生产中，沼液施入农田可以提高土壤的有机质含量，丰富微量元素与氨基酸等的含量，促进经济作物积累糖分与维生素等。但沼液施入过多，会造成减产，并带来粮食安全的问题。因此在还田时，沼液与化肥怎样一个优化配比才能够保持作物稳产一直是备受关注的问题。除此之外，沼液通常随水灌溉，是否会造成营养成分（比如氮和磷）通过淋失进入地下水，随径流流入地表水也是值得关注的水环境问题。同时，沼液的氮有一半以上是以铵态氮的形式存在的，灌溉后极容易通过挥发的形式造成损失，对大气环境造成影响。

基于山东滨州中裕食品有限公司种养结合的模式（见本章第四节），以冬小麦为研究对象，通过对2018—2019年一个生长季的田间观测，分析了该区域沼液还田的比例。冬小麦一季共投入氮肥226.5kg N/hm^2，其中基肥均施用化肥，追肥设置不同的沼液化肥比例（表5-1）。其产量的观测结果表明，施用化肥处理的产量最高，为6 250kg/hm^2，以本实验设置的比例施用沼液和化肥均无法达到与化肥相同的产量。但沼液替代比例与产量存在一定的关系，通过曲线拟合发现，38%的沼液替代化肥会达到与施用化肥相同的产量（图5-2），而此时，氨气在小麦季的挥发量为13.93kg N/hm^2，低于化肥16.08kg N/hm^{2}的挥发量。因此我们初步认为38%的沼液替代量是一个比较合理的比例，但因为研究仅有1年，在未来还应设置更多实验处理来验证这个比例的合理性，同时应通过观测更多的指标，如径流量、淋失量来权衡不同氮损失之间的关系，以使对环境的影响降到最低。

表5-1 不同沼液与化肥配比条件下的小麦产量

处理	158BS+0CF	126BS+32CF	79BS+79CF	0BS+158CF
产量（kg/hm²）	3 329 ± 146b	4 868 ± 233a	5 562 ± 29a	6 250 ± 270a

注：BS代表沼液，CF代表化肥；数字代表施入量，单位为kg N/hm²。

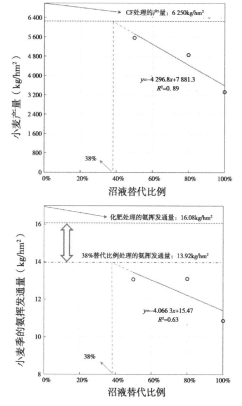

图5-2 不同沼液与化肥配比条件下的小麦产量与氨挥发量

北方"四位一体"模式具有很大的优越性,已推广使用的农户深有体会地说:"种10亩田,不如建1个生态种养小家园。"已推广使用的农村流传着这样一首顺口溜:"做饭不烧柴和炭,点灯不用油和电,烟熏火燎不再现,文明卫生真方便。"这充分反映了广大农民朋友对生态种养模式的美好赞誉。据调查,搞北方模式的农户年收入可达1万元以上。为具体说明"四位一体"模式的技术要点及社会经济效益,下一节将以滨州中裕食品有限公司的循环经济模式为例,进行详细分析。

第四节 案例分析

山东滨州中裕食品有限公司(以下简称中裕公司)循环经济模式基本架构如下:小麦→麸皮→谷朊粉→乙醇→酒精糟固液分离→发酵生产沼气→消化液分离生产有机肥→有机肥返回麦田,形成一条闭环的生态链。

一、发展条件

(一)企业基础

中裕公司在滨州市黄河三角洲(滨州)国家农业科技园区(图5-3),建有13栋高标准化养猪猪舍,总建筑面积达到70 000m²,并配套了饲喂车间、免疫室等辅助设施,年出栏断奶仔猪大于10万头。为进一步延伸拓展小麦循环经济产业链,该公司在秦皇台乡瓦屋张村、任马、西石营村等村新建生猪智慧数字化绿色循环示范基地。基地总占地面积7 000亩，总建筑面积11万m²，配套免疫防疫、生活服务及无害化粪污处理设施。

图5-3 中裕公司农牧产业园区

中裕公司在近些年积极与中国农业科学院、中国科学院、山东省农业科学院等科研院校合作，突出发展先进农业、绿色农业，将理论与实践相结合，应用高新农业技术。

（二）自然条件

1. 土地资源

滨州市处于黄河三角洲腹地、渤海湾西南岸，兼具沿海与内陆两种自然条件，适宜农业生产。北部沿海地区土壤盐碱程度高，南部内陆地区土壤肥沃。全市境内土壤共有5个土类，包括褐土、潮土、盐土、砂姜黑土和风沙土，其中褐土、潮土是主要的耕作土壤。

滨州市土地总面积1 416.70万亩，其中农用地926.57万亩（其中耕地666.88万亩、园地51.63万亩、林地25.01万亩、其他农用地183.05万亩），建设用地225.22万亩（其中居民点及工矿用地190.56万亩、交通运输用地11.73万亩、水利设施用地22.92万亩），未利用地254.55万亩（其中荒草地86.88万亩、盐碱地50.88万亩、滩涂面积65.70万亩、河流水面面积24.20万亩、苇地15.09万亩）。

创新园可供开发利用的土地资源较多，其中农用地4 700亩，建设用地360亩，水库占地1 390亩，沟、渠、路占地1 320亩。创新园土地原为国有土地，集中连片，是水稻种植基地。经长期耕种，大部分地块土壤有机质含量较高，个别地块存在轻微盐碱化问题，土壤改良难度不大；地势平整，灌溉沟渠较完善，为发展现代农业产业提供了良好的土地资源基础。

2. 气候特点

滨州市属温带季风性大陆性气候，降水集中在7—9月，季风交替明显。2009年，滨州市年降水量632.0mm，年平均气温13.5℃，光照2 454.3h。春季干燥多风，夏季多雨温热，秋季天高气爽，冬季干冷阳光充足。

3. 水源与水文

境内水资源主要有当地地表水、地下水和黄河水。滨州市多年平均（1956—2000年）水资源量11.48亿m^3（其中地表水5.55亿m^3、地下水5.93亿m^3）。人均水资源占有量310m^3，占全国人均水资源量的14%，占山东省人均水资源量的93%，属于资源性缺水区。多年平均水资源总量为26.48亿m^3。受地理条件影响，滨州市水资源短缺，特别是地下淡水资源短缺，仅为5.93亿m^3（矿化度小于2g/L），且埋藏深度大。多年平均降水量为575.4mm，年际变化较大。客水资源量5.8亿m^3，国家分配的取水许可量为9.2亿m^3。2009年，滨州市年降水量为632mm，稍大于多年平均降水量，属平水；年总供水量15.29亿m^3，其中当地地表水0.97亿m^3，黄河水资源11.72亿m^3，包括浅层水、深层水、微咸水在内的地下水2.55亿m^3，污水处理回用及雨水、海水淡化利用0.05亿m^3；总用水量15.29亿m^3，其中农业灌溉用水10.95亿m^3，林牧渔畜用水2.19亿m^3，工业用水0.82亿m^3，城镇及农村居民生活用水0.90亿m^3，生态环境用水0.29亿m^3，城镇公共用水量0.14亿m^3，分别占社会总用水量的71.6%、14.3%、5.4%、5.9%、1.9%、0.9%。滨州市新增蓄水能力达3 505m^3，一次性蓄水能力累计达8.05亿m^3。

二、发展模式

中裕公司农牧循环经济产业链，集中在农业养殖废弃物大型沼气工程能源化和沼液肥料资源化利用产业链（图5-4）。以"养殖废弃物生产沼气、沼渣沼液安全还田"为核心，投资配备完善的生物沼气和粪污处理系统，经过发酵处理后的沼渣沼液还田到周边小麦玉米生产基地（图5-5），在提供优质的小麦玉米的同时，减少农药使用、推广有机肥料，实现种植和养殖零距离对接。

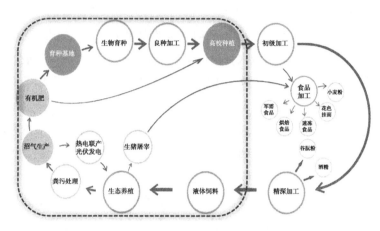

图5-4 小麦循环经济产业链及沼气能源工程节点

图5-5 中裕公司种养结合流程

一般情况下，小麦的加工利用即告种植过程结束，大量废弃物被当作垃圾抛弃，既造成大量资源浪费，又导致环境严重污染。然而，中裕公司通过采取"种养加"融合发展的方式，解决了这一难题。企业利用初加工的小麦粉进一步提取出高品质的小麦蛋白粉，生产出特级食用酒精和纯度达到99.99%的无水酒精。在这个过程中产生的上清液（约占50%）用于制作沼气,其余50%用作液体蛋白饲料。如今的生态养猪场已初具规模,生猪年出栏量在10万头以上。养殖业发展方式的转变,大幅度优化了产品质量、降低了生产成本、提高了经济、生态效益。过去困扰人的酿造副产品,现在转变成优质液体蛋白饲料,通过一条6.5km长的地下管道、输送到生态养猪场。仅此一项,节约很可观的成本费用:每月利用多达12 000t的液体蛋白饲料,相当于替代1 000t玉米粉固体饲料;节省500元/t、总计高达50万元/t的烘干费;管道输送,效率提高了50倍,节省了大量的运输费用。同时,生态养殖场产生的大量粪便又通过厌氧发酵生产出清洁能源沼气,沼液通过有机肥处理站直接施进小麦优良品种繁殖基地。如是,"种养加"融合发展开辟了节水、节地、节人工、"0"化肥的有效途径。

中裕公司探索、开拓的小麦经济深度融合发展的新模式,基于种养平衡的养殖废弃物资源化安全还田技术与示范(图5-6、图5-7、图5-8)。将粪便处理和资源化利用结合起来,从种养系统间物质循环与农业污染之间的内在联系出发,提出"种养平衡"发展模式,分别从以种定养、以养促种的角度探讨种植业与养殖业平衡发展模式的实现途径。通过建立"以种定养""以养促种"的农业生产模式,实现废弃物高效循环利用,降低环境污染风险。由主要依靠物质要素投入转到依靠科技创新和提高劳动者素质上来,由依赖资源消耗的粗放经营转到集约化可持续发展上来,探索一条生产高效、增产增收、产品安全、资源节约、环境友好的农业粮食的现代化广阔发展道路。

图5-6　中裕公司农牧产业园养殖区厌氧发酵罐

图5-7　中裕公司农牧产业园黑膜池及液态有机肥混合站

图5-8　中裕公司的猪舍及自动化管理系统

三、水肥一体化智能控制系统

建设物联网智能生猪养殖场,将生猪排泄物引入沼池发酵后用以施肥。整合计算机技术、电子信息技术、自动控制技术、传感器技术及施肥技术,设计水肥一体化智能控制系统(图5-9)。根据农作物各生长时期的水肥需求规律,通过控制水量和肥量的供给,实现水肥在土壤的分布层与作物吸收层空间同位供给。既克服了生猪养殖高附加值产品少、废弃物资源化利用难的问题,又提高了水肥的利用效率,更可以避免因过度施肥引起的土壤板结和次生盐碱化。与此同时,通过物联网技术,还可以对农田进行控温调湿、农田监控等信息化作业,省时省力。

水肥一体化智能控制系统设计包括水源系统、首部枢纽

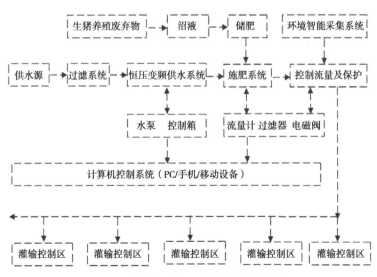

图5-9　中裕公司水肥一体化智能控制系统

系统、施肥系统、输配水管网线系统、无线阀门控制系统、灌水器和环境信息智能采集系统7部分，实际生产中由于供水条件和灌溉要求不同，施肥系统可能仅由部分设备组成。

1.水源系统

水质符合灌溉要求的江河、渠道、湖泊、井、水库，均可作为灌溉的水源。为了充分利用各种水源进行灌溉，往往需要修建引水、蓄水和提水工程，以及相应的输配电工程，这些统称为水源系统。如灌溉水质不达标，还可加装水处理系统，其中全自动反冲洗沙石过滤器是常用的介质过滤器之一。

2.首部枢纽系统

首部枢纽系统主要包括水泵、过滤器、压力和流量监测设备、压力保护装置、施肥设备（水肥一体机）和自动化控制设备。首部枢纽担负着整个系统的驱动、检控和调控任务，是全系统的控制调度中心。其中最为核心的是水肥一体机。

水肥一体机系统结构包括控制柜、触摸屏控制系统、混肥硬件设备系统、无线采集控制系统。支持电脑端以及其他互联网智能设备实施查看数据以及控制前端设备；水肥一体化智能灌溉系统可帮助生产者方便地实现水肥一体化自动管理。系统由上位机软件系统、区域控制柜、分路控制器、变送器、数据采集终端组成。通过与供水系统有机结合，实现智能化控制，可实现智能化监测、控制灌溉中的供水时间、施肥浓度以及供水量。变送器（土壤水分变送器、流量变送器等）将实时监测的灌溉状况，当灌区土壤湿度达到预先设定的下限值时，电磁阀可以自动开启，当监测的土壤含水量及液位达到预设的灌水定额后，可以自动关闭电磁阀系统。可根据时间段调度整个灌区电磁阀的轮流工作，并手动控制灌溉和采集墒情。整个系统可协调工作实施轮灌，充分提高灌溉用水效率，实现节水、节电，降低劳动强度和人力投入成本。

3. 施肥系统

水肥一体化施肥系统由灌溉系统和沼液溶液混合系统两部分组成。灌溉系统主要由灌溉泵、稳压阀、控制器、过滤器、田间灌溉管网以及灌溉电磁阀构成。肥料溶液混合系统由控制器、肥料灌、施肥器、电磁阀、传感器以及混合罐、混合泵组成。

4. 输配水网管线系统

由干管、支管、毛管组成。干管一般采用PVC管材，支管一般采用PE管材或PVC管材，管径根据流量分级配置，毛管目前多选用内镶式滴灌带或边缝迷宫式滴灌带；首部及大口径阀门多采用铁件。干管或分干管的首端进水口设闸阀，支管和辅管进水口处设球阀。输配水管网的作用是将首部处理过的水，按照要求输送到灌水单元和灌水器，毛管是微灌系统的最末一级管道，在滴灌系统中，即为滴灌管。在微喷系统中，毛管上安装微喷头。

5. 无线阀门控制系统

阀门控制器是接收由田间工作站或者其他无线网络终端传来的指令并实施指令的下端。阀门控制器直接与管网布置的电磁阀相连接，接收到田间工作站的指令后对电磁阀的开闭进行控制，同时也能够采集田间信息，并上传信息至田间工作站，一个阀门控制器可控制多个电磁阀。电磁阀是控制田间灌溉的阀门，电磁阀由田间节水灌溉设计轮灌组的划分来确定安装位置及个数。

6. 灌水器系统

微灌按微灌灌水流量小，一次灌水延续时间较长，灌水周期短，需要的工作压力较低，能够较精确地控制灌水量，能把水和养分直接地输送到作物根部附近的土壤中去。依靠智能化架构网络控制滴灌水网，实现自动化高效灌溉。

7. 环境智能采集系统

环境采集系统采用太阳能电池板供电，经济且易于安装维护。该系统不仅可以获取植物的生境数据，而且还可以实时监测作物的生长指标，并通过系统分析将分析结果发送给用户，并且提出科学合理生产操作建议，当与灌溉系统结合可实现智能化精准灌溉，通过科学及时的农业指导，用户可以节水、节肥、节省劳动力成本，大幅提高作物的品质和产量，并在一定程度上预防植物病虫害。

四、沼气生产工艺

废水厌氧发酵生物处理技术发展到今天已经取得很大的发展，已开发出的各种厌氧反应器种类很多，目前，在畜禽养殖行业粪污资源化利用方面，应用较多的是升流式固体反应器（USR）、完全混合厌氧反应器（CSTR）和上流式厌氧污泥床（UASB）。

　　结合中裕公司的实际需求，本着项目占地少、投资省、运行费用低、产气效率高的原则，综合考虑养猪场粪污特性及"三沼"综合利用，选择了USR能源生态型工艺。该工艺水力停留时间较短，占地少，尤其适用于养猪场粪污处理，在全国范围内应用广泛。为了满足冬季运行的能量补偿要求，采取热电联产模式（CHP），发电余热回用于反应器增温。

　　中裕公司生态园区及周边农户养殖废弃物集中收集用于产生沼气，沼渣、沼液由智能控制系统进行精准调配后用于农田生态种植（图5-10）。产业园内种植优质粮食作物主要包括小麦、玉米等；经济作物主要包括果品、蔬菜、花生等；建设微型生态农场用于有机种植模式，累计规模约7 000亩。此方式可改善产业园的土壤质量，提高作物产量。

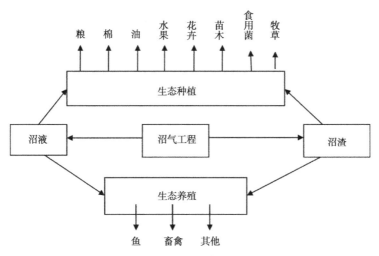

图5-10　中裕公司生态农产品生产原理

五、工艺流程

本项目采用USR工艺，利用农场内养猪场粪便及冲洗废水厌氧发酵制取沼气，工艺流程如图5-11所示。养猪场每天产生的粪便污水经格栅拦渣去除如塑料袋、草绳、树叶等杂物后，通过管道输送到集污池进行储存，然后进入调节池，调节池内设搅拌机，混合物料通过搅拌后用泵泵入厌氧罐进行厌氧发酵。厌氧发酵采用中温发酵工艺，调节池和厌氧罐内设有增温系统，确保物料35℃恒温水解和发酵。集污池和调节池采用密闭形式，上面采用阳光板，以增加保温效果，同时减少臭气扩散。发酵后的沼渣液经固液分离，沼渣用于蔬菜大棚，沼液储存于沼液池，通过管道输送到蔬菜大棚，发展生态农业。

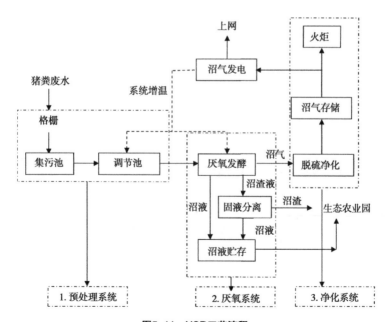

图5-11 USR工艺流程

第六章 南方地区"猪—沼—果"模式

第一节 基本概念

　　"猪—沼—果"模式是指利用山地、农田、水面、庭院等资源，采用"沼气池、猪舍、厕所"三结合工程（图6-1），围绕主导产业，因地制宜开展"三沼（沼气、沼渣、沼液）"综合利用，从而实现对农业资源的高效利用和生态环境建设、提高农产品质量、增加农民收入等。这种模式在我国南方得到大规模推广，仅江西赣南地区就有25万户使用该模式。该模式的核心为养殖场及沼气池建造、管理技术，果树（或蔬菜、鱼池等）种植和管理等。工程技术包括：猪舍建造技术、沼气池工程建设技术、贮肥池建设技术、水利配套工程等。

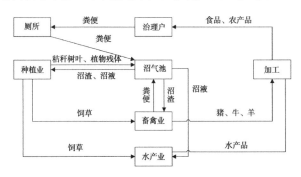

图6-1 "猪—沼—果"模式运行技术路线

　　图片来源：胡建民，左长清，杨洁.小流域"猪—沼—果"生态治理模式及其效益分析[J].水土保持通报，2005，25（5）：58-61.

125 ·

第二节　发展条件

果类经济作物的种植对气候的要求很高，我国南方的亚热带气候较为适宜种植此类作物，其温、光、水、热资源的分布需与经济作物生长需求同步，适合经济作物的生长。果类的运输依赖便利的交通条件，交通运输便利尤为重要。"猪—沼—果"种养模式需要建设沼气池。据估算，建设一口8m³大小的沼气池需要花费1 200～1 500元，如果在省内大范围推广这种模式，单单依靠农民支出这部分费用或者政府支持难以实现。通过相应政策，采取政府投资、小额贷款、项目配套的合力，帮助农民解决基本的建设与劳务、技术问题也是非常重要的条件之一。南方地区的"猪—沼—果"种养循环模式，不仅适合小农户，也同样适用于大规模企业。

第三节　技术要点

一、小农户模式

农户选地建猪舍前应做好规划，要结合住房、沼池、果园3个因素总体考虑。最好选择东西向建猪舍，这有利于通风透气和饲养管理。同时，猪舍地面和集粪（水）沟务必保持有足够的坡降和较光滑的表面，以方便排污。小农户建设的沼气池一般以每户8～10m³为宜。沼气池用混凝土结构，圆筒形建造使用寿命长。沼气池顶点应略低于猪舍出口，水压间和储液池的排液口要依次略低于进料口，以确保自流进料和排液至果园。同时，在猪舍出水口后或沼气池进料口前，要设置沉砂池，在水压间或储液池正上方，要设置上流式滤液装置。猪舍内要定期进行清洁和消毒，以减少传染病的发生。大猪出栏宰杀上市后要用90%敌百虫或80%敌敌畏300倍液喷射猪舍进行消毒，准备养下一轮的猪。沼气池的安全问题需要重视以下几点：输气管畅通；家中安装沼气表，防止沼气过量散发臭气；室内输气管选择质量好的，且不能装在炉灶上方；沼液饲养猪注意浓度不能过高；要有节燃净化环境的要求，注意沼气液的流失。

目前，国内外对于沼液在农作物产量、品质、生态环境风险方面的作用均有大量研究。沼渣和沼液含有丰富的有机质、氨基酸、腐殖质、氮、磷、钾等养分，容易被果树吸收，可用作果园的有机肥。但值得注意的是，为防止沼液过量施用，应该同时注意施用方式。沼液与化肥1：1施用，番茄和辣椒分别增产1.5倍与0.5倍，萝卜的总糖含量比单施沼液高1.9倍，比单施化肥高1.5倍。与单施化肥相比，施用沼液后甜瓜的硝酸盐含量降低60%。且试验表明，适量的沼液灌溉不会造成土壤、作物中重金属的超标，沼液中的硝态氮也不会对周边水体造成污染。然而，沼液还田还有一个风险受到的关注较少，即高浓度沼液灌溉会导致种子不萌发、烧苗或减产，这称为沼液的植物毒性（phytotoxicity）。在实际生产过程中，由于厌氧发酵原料众多、发酵工艺有别、沼液无害化处理也缺少技术标准，农户很难判断沼液中的毒性因子是否过量。事实上，国际上对于沼液还田的标准也缺少可参考的方法。一方面，欧盟监管机构认为可再生生物质能源的利用是实现《京都议定书》排放目标的一项策略，但真正实施起来又有太多的政策限制。为规避这一风险，农户常采用粗放的方式，将沼液过度稀释或过度曝气后再用于灌溉还田。这种方式在一定程度上妨碍了沼液的推广普及，制约了农业废弃物利用的最大化。

虽然已有研究通过大田实验筛选出了优化的沼液灌溉量，如施用40%沼液稀释液可以获得最佳的油茶产量和单果质量，在韭菜生长过程中以鸡粪沼液稀释40倍冲施两次可以获得最大的韭菜产量及品质。但由于沼液养分含量与物理性状变异较大，通过某几个大田试验筛选出来的沼液优化灌溉量并不具备普适性。因此，明确沼液中的植物毒性因子及其安全阈值是确定沼液合理灌溉量的前提。研究表明，沼液的植物毒性主要来自两个因素：铵离子（NH_4^+）和有机酸。厌氧发酵过程中，沼液中的总氮量不会发生明显变化，大部分（40%~80%）的氮都会以铵态氮的形式存在，而从植物生理的角度而言，NH_4^+作为主要氮源时，植物会产生NH_4^+毒害，这种毒性的症状表现为种子的萌发、根系的伸长和植株立苗受抑制。此外，沼液中往往含有过量有机酸，有机酸发酵需要氧气，若直接施用，沼液中过量的有机酸会在种子萌发或幼苗生长时争夺氧气。

以中裕公司农牧产业园的沼液为研究对象，我们评估了其生态环境风险。沼液农用的生态环境风险一般有两个方面：重金属与硝酸盐污染。这两种污染物在土壤或水体中累积后，进入食物链会给人体健康带来极大的威胁。以《农田灌溉水质标准（GB 5084—2005）》为基准，首先评价了所采用的沼液中重金属含量是否存在环境污染风险。由表6-1可以看出新鲜猪粪沼液砷（As）、汞（Hg）、铜（Cu）、锌（Zn）、镉（Cd）和铅（Pb）浓度均在安全阈值之内，引起土壤重金属污染的风险较小。新鲜沼液中，铵态氮（NH_4^+）是主要组成部分，硝态氮（NO_3^-）含量仅为总氮（TN）含量的0.05‰，硝酸盐与亚硝酸盐过量的风险相对较小。但沼液暴露在空气中，会通过硝化作用生产新的硝酸盐，这一风险应当考虑。

表6-1　新鲜猪粪沼液的理化性质

指标	数值	农田灌溉水质标准	是否超标
pH	8.0	5.5 ~ 8.5	否
COD_{Cr}（mg/L）	8 713	200	是（43.6倍）
EC（μs/cm）	20 100	—	—
TN（mg/L）	1 710	—	—
NH_4^+（mg/L）	1 558	—	—
NO_3^-（mg/L）	0.081	—	—
TP（mg/L）	300	10	是（30倍）
TK（mg/L）	1 390	—	—
Fe（mg/L）	4.51	—	—
As（μg/L）	5.26	100	否
Hg（μg/L）	0.089	1	否
Cu（μg/L）	104	1 000	否
Zn（μg/L）	877	2 000	否
Cd（μg/L）	0.174	10	否
Pb（μg/L）	3.61	200	否

新鲜沼液的化学需氧量（COD_{Cr}）浓度较《农田灌溉水质标准》超标43.6倍，说明还原性物质与有机物含量严重超标。电导率（EC）为$2.0 \times 10^3 \mu s/cm$，表明盐分离子含量过高。具体来说，铵盐浓度为1 558mg/L、总磷（TP）浓度为300mg/L（超标30倍）、总钾（TK）浓度为1 390mg/L，均处于较高水平。氮、磷、钾为植物生长的必需营养元素，可通过脱氮除磷的无害化处理技术使其浓度符合农用标准后再灌溉施用。且沼液中还含有少量的铁（Fe）元素，对于玉米有壮苗作用。

厌氧发酵的沼液通过不同时长的静置（JZ）和曝气（PQ）处理，理化性质均发生了变化（图6-2）。预处理7d，沼液pH值呈上升趋势，静置与曝气处理的pH值分别增加了10%与15%。有研究发现，猪粪沼液储存3个月，pH值先增加后降低，最终趋于中性。由厌氧环境转换为好氧环境，沼液中各种无机离子以及多种有机酸发生的化学反应非常复杂，pH值的变化不是由单一反应决定的。接触或通入氧气后，沼液的化学需氧量并没有降低，反而升高，这是由于在静置或曝气过程中的水分蒸发导致的，这一"浓缩"作用使得沼液的COD_{Cr}浓度略有提高（JZ：8%；PQ：4%）。静置和曝气预处理7d时间内，沼液的电导率分别下降了17%与19%，前期曝气处理的下降速率比静置处理要快，至第7d时，二者无差别。电导率下降的主要原因是总氮含量的下降，尤其是铵态氮含量大幅度降低导致的。新鲜猪粪沼液预处理7d后，静置处理的沼液铵态氮含量下降了56%，曝气处理下降了87%。铵态氮占总氮的浓度由91%分别下降到75%（JZ处理）与34%（PQ处理），减少的铵态氮只有极少一部分转化为硝态氮。结果表明，至预处理第7d曝气处理的硝态氮占总氮含量为16%，静置处理仅为2%。大部分铵根离子在碱性环境中生成了氨气挥发进入大气。在实际生产中，如通过曝气进行沼液无害化处理，应对这部分氨气进行有效回收，降低其对大气环境的污染。

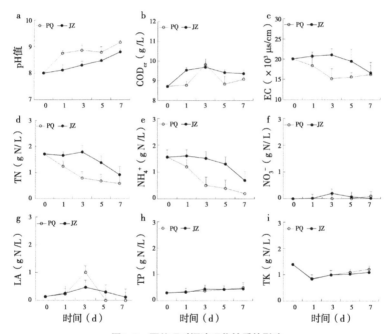

图6-2 预处理对沼液理化性质的影响

沼气发酵一般分为3个过程：水解过程、产酸过程和产甲烷过程。挥发性有机脂肪酸，如乙酸、丙酸、乳酸（LA）等是产酸过程的主要产物。有机酸的种类有很多，乳酸是其中产量较高的一种，且研究表明碳链越长植物毒性越大，因此本研究选择乳酸为研究对象进行分析。在预处理的7天中，乳酸含量呈现先升高后降低的趋势。这可能是因为沼液中富含的乳酸菌将碳水化合物合成了乳酸。预处理7天，总磷浓度持续增加，总钾浓度在第3天有显著的下降，随后缓慢上升。从长时间的猪粪储存来看，由于磷酸根与钾离子均会被沼液中的固体悬浮物吸附下沉，加上磷酸根离子还会与金属离子产生反应形成沉淀，总磷和总钾含量最终均会降低。本研究的预处理时间较短，水分蒸发作用导致的"浓缩"作用可能是造成这两种元素浓度的短暂上升的原因。曝气处理与空气接触多，除了总磷与总钾含量外，其他理化性质的变化幅度均较静置处理更大。

经过预处理后的沼液COD、盐离子浓度仍然很高。因此，种子的发芽试验需要对上述沼液进行进一步的稀释。稀释后沼液的理化性质与相对发芽率（RSG）、相对根长（RRG）、萌发指数（GI）的函数拟合关系如图6-3所示。

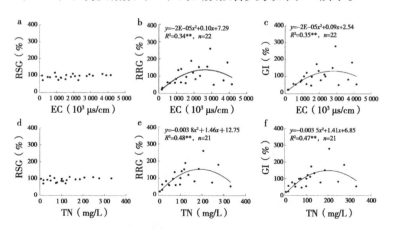

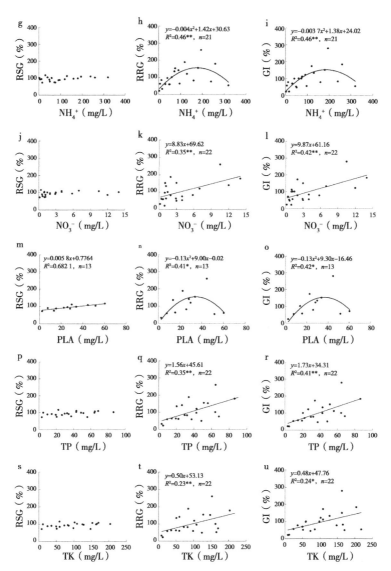

图6-3 沼液理化性质与种子相对发芽率、根长和萌发指数的关系

本研究结果表明，电导率在0～4 160μs/cm，发芽率没有受到显著影响。但电导率的大小显著影响了玉米种子的相对根长和萌发指数（$P<0.01$）。在小于2 500μS/cm时，随着电导率的增加相对根长增加，随后降低，萌发指数的变化规律与相对根长一致。萌发指数的最高值为104%，对应的电导率为2 250μS/cm。电导率反映的是沼液中盐离子的含量，具体是哪一种盐分对萌发指数造成了这种先促进后抑制的影响需要进一步分析。

总氮浓度在332mg/L以内，不会影响玉米种子的发芽率。随着其浓度的升高，相对根长与萌发指数呈现先增加后降低的趋势。采用二次函数进行拟合，萌发指数达到最高值149%时，对应的总氮浓度为201mg/L。铵态氮是总氮的主要组分，其与相对根长的相关性与萌发指数的相关性与总氮一致。铵态氮浓度低于186mg/L时，随着浓度升高相对根长与萌发指数增加；超过此值，二者逐渐降低（$P<0.01$）。这一发现与已有研究一致，在以不同废弃物为原料发酵时，小松菜、黑麦草、水芹的萌发及根伸长的产生抑制作用的植物毒性物质是NH_4^+。相对根长和萌发指数随硝态氮浓度的增加呈线性增长（$P<0.01$），但其在沼液中的浓度较低，预处理7天后仍小于14mg/L。

沼液中乳酸浓度小于60mg/L，种子的萌发率与乳酸含量呈极显著的线性相关（$P<0.01$）。而相对根长和萌发指数与乳酸浓度的关系呈现先增加后降低的趋势（$P<0.01$）。在乳酸浓度为35.8mg/L时，萌发指数到达最高点。研究以橘子加工废物为发酵原料的沼液对黑麦草和白菜萌发的影响，发现在沼液

浓度为60%～100%时会对这两种植物的种子萌发和根芽伸长产生严重的抑制作用，而这种抑制作用是由铵态氮和有机酸共同造成的。对于实验玉米品种（秋田MD311）来说，在乳酸浓度为186mg/L与35.8mg/L时，萌发指数最好分别为153%与150%，有利于种子达到最大发芽率。从另一角度来看，发芽指数大于70%培养基质是植物无毒性的，小于70%则认为是存在植物毒性的。铵态氮与乳酸浓度高于336mg/L与61mg/L则认为具有生物毒性，还田时沼液需要进行无害化处理至低于这两种浓度才能保证种子萌发、出苗。新鲜沼液通过静置或曝气处理可以使NH_4^+、有机酸浓度降低，但应注意此过程中产生的其他环境污染。

沼液中总磷和总钾的浓度与相对发芽率均没有显著相关性。随着两种元素浓度的增加，RRG和GI都呈现线性增加的趋势，二者与总磷浓度呈极显著相关（$P<0.01$），与总钾浓度为显著相关（$P<0.05$），说明总磷浓度与种子的相对根长和萌发指数相关性更显著，且经过处理后的沼液中的磷对玉米种子根的生长有一定的促进作用。因此，可以发现铵态氮与乳酸是猪粪沼液中的植物毒性因子，不可直接还田。通过静置和曝气配合稀释灌溉可降低二者的含量。

在实际生产中，沼渣用于果树底肥和冬季基肥，沼液用作果树根外追肥和叶片追肥。沼渣底施一般为穴施覆土，用量在20kg左右，其他元素的补充根据测土结果按平衡施肥原则和果品品质要求准量添加。翌年施用时穴沟与上一年错开，重进根系生发范围，以便充分吸收土壤养分、延长成龄基地丰产期年限。沼液的施用切勿盲目，以免损害苗株。一般而言，浇施沼液的时间是果树萌芽抽梢前10d左右和新梢抽生后15d左右，可以各浇施1次，其他生长阶段应根据果树各阶段的养分需求确定浇施间隔时间和浇施用量。如遇春夏涝期或雨后时节，每株浇施纯沼液2～3L；若是旱季基地土壤干燥，可将纯沼液先用清水稀释2.0～2.5倍后使用，达到肥水同灌的目的，用量按每株浇施纯沼液2～3L推算。为促进幼树加速生长，可在生长期间每隔15d或30d，浇施沼液1次。浇施的方法是在果树树冠滴水线外侧挖深0.10～0.15m、宽0.10～0.50m的浅沟浇施。沼液作保花保果期叶面追肥，应选择果树开花前和2次生理落果前各喷施1次。果树树势生长正常的喷施纯沼液，树势弱的在纯沼液中加入0.15%～0.20%的尿素；喷施保果肥时可加入浓度10～20mg/kg的九二〇，能提高坐果率5%～10%。丰产期的果树挂果多，需要的养分也多，纯沼液中可加0.10%～0.15%的尿素进行喷施，幼龄果树或挂果少的果树在纯沼液中可加入0.20%～0.50%的磷肥、钾肥，能促进翌年花芽的形成。

小农户发展起来的"猪—沼—果"模式已有很多案例。晋中市榆次区张村张红梅夫妇于2005年在他家的5亩果园里建起了10m³的沼气池，养猪30头。自建沼气池1年来，她家猪舍环境面貌大为改善。以前猪粪污水遍地，苍蝇蛆虫大量繁殖，臭气熏天，污水排入周围环境不仅污染了地下水源，而且附近居民意见也大。家中存栏30头的小型猪场，每天排出的粪尿约为174kg，那么年排粪量为63.51t，1亩苹果地施肥用7 000kg的有机肥，63.51t粪尿就地消化不了。自"猪—沼—果"模式投入运行后，猪场、果园环境整洁，面貌焕然一新，形成了一个良性的农业生态循环格局。经试验观察，张红梅家的果园施用沼肥后，果子的产量增加了1 875kg，1kg苹果卖价按3元计算，那么因施用沼肥增加的收入有5 625元。许多果农商贩都出高价纷纷购买他家的果子，她说她家的果子质优、味甜、无公害、价钱高。果园病虫害也减少了许多，大大节省了农药和化肥的开支，节省成本支出近200多元。发酵产生的沼气是优质的燃料，可满足她家4口人烧水、做饭、点灯的生活用能问题，仅此一项她家1年可节约3～5t煤，合1 000元左右。总增收节支约6 825元。

泸州市纳溪区大渡口镇民强村养殖大户周明的养殖场与甜橙种植大户何生涛达成协议，将自己的养猪场搬进了何生涛的甜橙园。在区农业局的帮助下，他们建起了3座容积达300多立方米的沼气池。猪场所产生的粪便与污水统一流入沼气池里，进行厌氧发酵处理后，产生的沼气用来做饭、照明、取暖、洗澡等，沼渣、沼液代替了复合肥料，被何生涛直接用于甜橙种植。昔日污染严重、臭气冲天、苍蝇乱飞的猪场，如今变成了一个生态养殖场。周明家的生活成本与原来没用沼气前相比省了2/3。何生涛的3 000多亩甜橙园全部使用周明养猪场的沼渣沼液后，不仅减少了化肥钱的开支，果子因品质提升，价格也一路上涨，平均每千克售价比别人的都要高2元，还供不应求。何生涛和周明通过实行"猪—沼—果"循环生态农业发展模式实现了双赢。

二、企业化模式

"猪—沼—果"的企业化模式与小农户模式既有相同点

也有不同点，二者在果树肥料施用方面的技术要点是较为一致的。但是规模化养殖场猪数量更多，对于清粪工艺就有了更高的要求。清粪工艺是影响猪场用水量、粪污量、粪水处理难度及粪便资源化利用程度的重要环节，常见的清粪工艺包括水冲式清粪、水泡式清粪和干清粪3种，本节对各项工艺及相应产生的粪污特点、粪污处理工艺应用现状进行了分析与总结。

（一）清粪工艺及粪污特点

清粪工艺主要分为3大类，其用水量、污水量及污水水质指标见表6-2。污水水质指标包括COD、五日生化需氧气量（BOD_5）、固体悬浮物浓度（SS）。

表6-2　不同清粪工艺用水量、污水量、污水水质指标

项目		单位	水冲粪	水泡粪	干清粪
用水量		L/（头·d）	30 ~ 40	20 ~ 25	5 ~ 10
污水量		L/（头·d）	35 ~ 40	20 ~ 25	10 ~ 15
污水水质指标	COD	mg/L	11 000 ~ 13 000	8 000 ~ 24 000	800 ~ 1 500
	BOD_5	mg/L	5 000 ~ 6 000	8 000 ~ 10 000	200 ~ 800
	SS	mg/L	17 000 ~ 20 000	28 000 ~ 35 000	100 ~ 350

1.水冲式清粪工艺

水冲式清粪是我国猪场最常见的清粪方法，其工艺是使用清水将粪尿冲入粪污主干沟，进而流入地下贮粪池或抽至地面贮粪池。水冲式清粪优点是投资较少、操作方便、易于保持猪舍环境，但缺点很明显，主要包括：用水量大，造成水资源浪费，产生污水多；污水有机污染物浓度高，后端污水处理负

荷大，污水处理设施建设与运行费用较高；液态粪便增加了资源化利用难度，降低了肥效。

2. 水泡式清粪工艺

水泡式清粪是在水冲粪工艺基础上改造而来，其工艺是在猪舍内排粪沟注入一定量的水，粪尿、冲洗水和饲养管理用水一并排放至缝隙地板下的粪沟中，待粪沟装满后（1～2个月），打开闸门将沟中粪水排入地下贮粪池或抽至地面贮粪池。水泡式清粪优点是降低了劳动强度和劳动力，提高了生产效率，但缺点也很明显，主要包括：用水量仍然很大，产生污水也很多；粪污浸泡时间长，形成厌氧发酵，产生硫化氢（H_2S）、甲烷（CH_4）等大量有害气体，影响猪舍环境空气质量，不利于动物和饲养人员健康；粪便中大量可溶性有机物溶于污水，形成高浓度有机污水，极大增加了污水处理负荷，污水处理设施建设与运行费用高，增加了达标排放难度；水泡时间过长，大大降低了粪便肥效，不利于粪便资源化利用。

3. 干清粪工艺

干清粪工艺是指干粪使用人工或机械收集、清扫，尿液从下水道流出，实现粪尿分离。干清粪工艺避免了水冲粪、水泡粪工艺的大部分缺点，其优点包括：用水量大幅度减少，产生的污水也相应减少；污水有机物浓度大幅度降低，易于处理，污水处理设施建设与运行费用相对较少；干粪含水量低、营养损失小，生产的有机肥生物活性、肥效价值高，大大提高了废物资源化利用率。当然，干清粪工艺也存在一些缺陷，主要包括：人工清粪劳动量大、生产率低、不易雇工，清理不及时将导致猪舍环境较差；机械清粪一次性投资较大，且目前工艺技术不够成熟，工作噪声大、故障率比较高，极易损坏猪舍地面，有时会划伤猪。

综上，比较3种清粪工艺及粪污特点发现，干清粪工艺耗水量最小，污水处理成本最低，粪便资源化利用程度最高。2018年1月农业部发布的《畜禽规模养殖场粪污资源化利用设施建设规范（试行）》第五条也明确指出：规模化养殖场宜采用干清粪工艺。因此，在劳动力资源丰富的条件下，干清粪是猪场可选择的理想清粪工艺。

（二）粪污处理工艺应用现状

猪场粪污主要污染物是氮、磷、钾、有机质和微量元素等，主要来自猪的粪便、尿液和冲洗水。随着集约化、规模化猪场的兴起，粪污的产生日益集中，无序排放会对周边环境造成巨大污染，也是对资源的巨大浪费。

1. 猪粪处理

自古以来，猪粪就是农作物天然的优质有机肥，在全世界广泛应用，但新鲜猪粪直接作为有机肥施用不仅会导致病虫害和杂草生长，而且在土壤中快速分解会产生H_2S等有害物质和大量的热，导致"烧苗"现象，不利于作物生长，因此通常先通过腐熟堆肥将猪粪无害化处理。腐熟堆肥主要包括条垛堆肥、强制通风静态堆肥、槽式堆肥和反应器堆肥4种方法（表6-3）。

表6-3 不同堆肥方式及相应特点

堆肥方式	占地面积	投资与运行费用	堆肥期（d）
条垛堆肥	较大	低	≥180
强制通风静态堆肥	大	中	≥28
槽式堆肥	中	高	14～28
反应器堆肥	小	较高	5～7

注："较大、大、中、小"及"低、中、高、较高"均为相对比较

条垛堆肥是由传统的自然堆肥演化而来，是将混合好的粪便与辅料简单堆积成长条形堆垛，并辅以周期性翻堆，其本质仍然是自然堆肥。条垛堆肥最大的优点是设备投资低、操作简单，但由于堆垛高度低、占地面积大、发酵周期长，堆肥期超过6个月，因此不适用于大型规模化养猪场。

强制通风静态堆肥是在料堆底部设置通风管或通风槽，对料堆强制增加供氧，以缩短发酵时间，优点是堆体相对较高、占地面积较小，堆肥期至少4周，系统处理能力相对条垛堆肥大幅度增加；但其投资成本比条垛堆肥系统高，也需要一定的运行维护费用。

槽式堆肥是目前国内应用比较广泛的堆肥方法，因堆肥设置在长、深、窄的"槽"内而得名，槽的上方设置翻堆机定期翻堆，底部铺设通风管道对堆体进行通风，槽的长度、深度和翻堆次数决定发酵周期，一般为2～4周，且占地面积小、产品质量均匀，日处理规模更大，提高了生产效率；但其设备易磨损、易腐蚀，需要定期维护和更换，投资成本和运行成本均高于强制通风静态堆肥系统。

反应器堆肥根据物料流向可分为水平式、竖直式反应

器，根据发酵仓形状可以分为箱式、圆筒式和塔式反应器，其工艺是将新鲜猪粪和辅料搅拌均匀后经皮带或料斗送入发酵仓，发酵过程中通过翻堆、通气、混合搅拌等操作控制堆体温湿度，提高发酵速率，堆肥期一般为5～7d。反应器堆肥的优点是占地面积很小、自动化程度高、堆肥周期短、无臭气污染，但投资成本与运行费用相对前几种方式高很多，处理规模受制于发酵仓容量，通常为几吨至十几吨。

由表6-3可见，条垛堆肥因其投资小、周期长而适用于小型猪场；强制通风静态堆肥、槽式堆肥、反应器堆肥适用于规模化猪场，3种方式投资及运行费用逐渐升高，占地面积、堆肥周期逐渐缩短，且各有其特点。规模化猪场在选择堆肥技术时可根据投资预算、用地条件、周边环境等综合考虑选择适用的堆肥技术。

2. 粪水处理

我国猪场粪水处理主要有达标排放和还田利用两种模式，采用的技术虽有所不同，但都把厌氧发酵作为工艺流程中重要的技术组成。猪场应根据养殖规模、自然地理环境条件及排水去向综合考虑确定粪水处理模式。

（1）模式选择

从养殖规模来看，《畜禽养殖业污染治理工程技术规范》（HJ 497—2009）推荐在综合条件适宜的地区，存栏量10 000头及以上的猪场宜采用达标排放模式，存栏量2 000头及以下的猪场应尽可能选择还田利用模式；从自然地理环境条件及排水去向来看，达标排放模式适用于城市近郊、经济发达、土地紧张、环境无法消纳的地区，而还田利用模式适用于离城市较远、经济欠发达、有足够可利用土地的地区。

达标排放模式需要复杂的机械设备和高质量建构筑物，投资大，且需要专业技术人员管理维护，运行成本高；达标排放模式通常在前端需采用节水减排措施控制粪水产生量，后端采用物理处理、厌氧好氧生化处理以及自然处理组合的方式对粪水净化处理，以满足《畜禽养殖业污染物排放标准》（GB 18596—2001）和区域污染物总量控制要求（表6-4）。

表6-4　畜禽养殖业水污染物最高允许日均排放浓度限值

控制项目	五日生化需氧量（mg/L）	化学需氧量（mg/L）	悬浮物（mg/L）	氨氮（mg/L）	总磷（以P计）（mg/L）	粪大肠菌群（个/100mL）	蛔虫卵（个/L）
标准	150	400	200	80	8.0	1 000	2.0

还田利用模式可实现污染物资源化利用，一方面可有效解决畜禽养殖污染问题，另一方面也可减少农业种植化肥的施用，减少面源污染，提高土壤肥力。但是，目前还田利用模式在我国的应用仍存在一系列的潜在风险和制约问题，主要包括：受季节限制，雨季及非用肥季无法还田，而我国沼液储存设施尚不完善，需要为沼液找到其他出路；我国北方地区冬季温度较低，沼气发酵能力较差，使用保温措施又会大幅度增加运行成本，无法保证处理效果；我国沼液还田相关技术规范、标准滞后，不合理的还田将会导致土壤污染、地力下降，对土壤和农作物质量产生不利影响；沼液在储存、施用过程中会释放NH_3、H_2S等有害臭气，污染环境空气；按照HJ 497—2009规定，粪水经净化处理后作为灌溉用水还田利用的应符合《农田灌溉水质标准》（GB 5084—2005）限值

要求，该标准是环保部门在沼液还田利用项目环评审批、环保验收及日常环保监管的执行标准，比GB 18596—2001还要严格，除粪大肠菌群指标外，GB 5084—2005中的COD、BOD_5、悬浮物和蛔虫卵数标准值均严于GB 18596—2001要求（表6-5）。而我国猪场通常将厌氧发酵后的沼液直接还田或经过氧化塘处理后还田，HJ 497—2009推荐的两种粪污还田利用工艺亦如此，但只经过厌氧发酵的沼液水质指标无法达到GB 5084—2005限值要求，导致项目环保验收及后续管理存在一系列制约问题。

表6-5 农田灌溉水质标准基本项目标准值

序号	项目类别	不同灌溉作物种类标准值		
		水作	旱作	蔬菜
1	五日生化需氧量（mg/L）	60	100	40[a]，50[b]
2	化学需氧量（mg/L）	150	200	100[a]，60[b]
3	悬浮物（mg/L）	80	100	60[a]，15[b]
4	粪大肠菌群（个/100mL）	4 000	4 000	2 000[a]，1 000[b]
5	蛔虫卵数（个/L）	2		2[a]，1[b]

注：[a]加工、烹饪及去皮蔬菜；[b]生食类蔬菜、瓜类和草本水果

有学者呼吁，沼液还田不应简单地执行GB 5084—2005，而应根据土壤肥力的不同合理施用，但我国目前还缺少科学的沼液还田技术规范给予指导。

（2）工艺技术选择

猪场粪水处理技术按照作用原理可分为物理处理技术、化学处理技术、生物处理技术和自然处理技术等，厌氧发酵即属于生物处理技术的一种。单一的处理技术无法满足达标排放

或还田利用的水质要求，而是通常由几种技术单元依次或交叉组成。

全国畜牧总站组编的《畜禽粪便资源化利用技术模式——达标排放模式》一书汇集了当前主要的养殖粪水处理工艺（图6-4），包括了几乎所有常见的养殖粪水处理技术及组合方式。猪场应遵循"减量化、无害化、资源化、生态化、低价化、简便化"的原则，尽量利用自然地理环境优势，综合考虑，选择合适的工艺技术组合，以满足达标排放或还田利用要求。

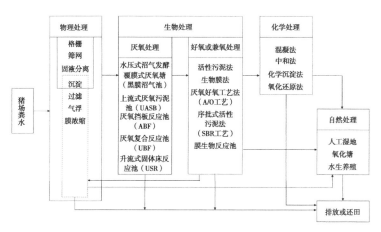

图6-4 猪场粪水处理工艺

（3）应用现状

猪场粪水达标排放模式通常由"物理处理+生物处理+化学处理"组成，有条件的猪场可增加自然处理或深度处理（膜处理），主要技术单元基本由图6-4中的相关技术组成，工艺的选择需要根据养殖规模、清粪方式、自然地理环境条件及排水去向决定。

本节汇总分析了《畜禽粪便资源化利用技术模式——达标排放模式》一书列举的我国猪场粪污处理8大典型案例，各猪场处理工艺、处理效果、环保投入情况（表6-6）。

表6-6　典型猪场粪污处理工艺、处理效果及环保投入情况

序号	公司名称	生猪存栏量（头）	粪水处理工艺	达标排放情况	环保投入	
					建设费用（万元）	运行费用（元/t）
1	四川铁骑	3 000	水冲粪+物理处理+A/O+MCR膜反应器+SRO深度处理	达标	520	3.9
2	广东金旭	25 000	水冲粪+物理处理+HDPE黑膜沼气池（厌氧）+A²/O（好氧）+人工湿地	达标	—	4.5
3	天津大成	6 000	水泡粪+物理处理+UASB（厌氧）+生物处理（微藻培养）	达标	—	—
4	山东华盛	60 000	水泡粪+物理处理+UASB（厌氧）+活性污泥（好氧）+深度处理	达标	5 000	10
5	湖南新五丰	12 000	干清粪+物理处理+UASB（厌氧）+SBR（好氧）+消毒处理	仅SS超标	—	2.7
6	浙江美保龙	10 000	干清粪+物理处理+UASB（厌氧）+A²/O（好氧）+深度处理	达标	800	4.2
7	江苏加华	120 000	干清粪+物理处理+UASB（厌氧）+A²/O（好氧）+MBR生化	达标	—	4.2
8	广州兴牧	12 000	干清粪+物理处理+沼气池（厌氧）+A/O（好氧）+人工湿地	达标	360（自建）	5

注：“—”表示未收集到相应数据

除湖南新五丰公司猪场SS超标外，其他猪场粪水处理后均能达标排放，处理工艺基本都在生物处理后增加了自然处

理或深度处理，这也是目前猪场粪水达标排放模式的发展趋势。从粪水处理设施建设投资来看，各猪场因技术选择不同差别较大，由于数据不全不容易比较；从运行费用来看，水泡粪工艺的粪水处理成本最高，其次是水冲粪工艺，干清粪工艺由于污水中污染物浓度最低，因此运行费用最小。

近些年来，由于环保压力越来越大，我国猪场普遍意识到干清粪是降低粪水处理难度、减少环保设施建设及运行支出费用的重要环节，因此越来越多的新建猪场采用了干清粪工艺。华北某采用干清粪工艺的猪场，其粪水处理工艺选择了"物理处理+沼气池发酵+A^2/O+UF膜+光催化"组合工艺，出水水质远低于GB 5084—2005标准要求，可用于厂区冲栏和农业灌溉；采用干清粪工艺的山东文登东来猪场，其采用了"物理处理+沼气池发酵+A^2/O+氧化塘"粪水处理工艺，出水COD、NH_4^+-N分别为198mg/L、45mg/L，满足GB 18596—2001标准要求。在氧化塘内种植漂浮植物可以更大幅度地降低污染物浓度，种植蕹菜和水葫芦可吸收利用水体中的氮、磷元素，净化效果显著；在人工湿地种植水芹菜、水空心菜等也可大大加强对粪水中重金属的吸收沉淀作用。

达标排放模式是一种切实可行的污染防治模式，只要选择适宜的工艺技术，各个处理环节正常稳定运行，就能够较好地解决猪场污水对环境的污染问题。

粪水经厌氧沼气发酵后将沼液还田利用是我国南方地区猪场应用较为广泛的处理模式。有研究发现，广东省12家采用厌氧发酵后将沼液还田利用的规模化猪场，在经过厌氧沼气发酵后，沼液水质均不能达到GB 18596—2001标准要求；珠江三角洲等地5个规模化养猪场，粪水经过厌氧沼气发酵后，沼液仍属于高浓度有机废水，BOD_5、COD、TP、NH_4^+-N、SS等全部存在超标现象，超标率分别为72.7%、91.7%、90.0%、100%、100%，直接排放会对周边水体造成严重污染。在欧美国家，还田利用也是常见的猪场粪水处理模式，但随着集约化养殖的不断发展，长期沼液还田也导致了土壤过营养化，造成了水土污染。1970年，法国布列塔尼地区地表水硝态氮含量为5mg/L，由于规模化养殖的迅速发展和大量沼液还田，2009年时地表水硝态氮含量已达35mg/L。

可见，传统的还田利用模式已不适用于现代集约化养殖的发展，多年来形成的不能达标排放就还田利用的治理思路是不正确的，必须寻求环境经济可行的新模式，科学地还田利用猪场粪水。自然处理是比较经济的沼液净化方法，在广西、江西、广东等地发展起来的"猪—沼—果—鱼"模式即将传统的"猪—沼—果"模式进行了创新，将厌氧发酵后的沼液先排入氧化塘、多级鱼塘进行自然净化后再排入环境，该模式改善了排水水质，降低了水土面源污染，在某些地区具有一定的适用性，但其稳定性较低、占地面积较大、劳力需求多、处理效果易受季节影响，因此局限性较大，也不适用于我国北方缺水地区。

因此，在"物理处理+厌氧沼气发酵+自然处理"仍不能满足还田要求时，与达标排放模式相同，在厌氧发酵后增加好氧处理、自然处理或深度处理成为难以回避的技术选择，这也将是未来我国猪场粪水还田利用工艺的发展趋势，而根据土壤肥力科学还田利用将是终极的发展目标。

　　清粪工艺是影响猪场用水量、粪污量、粪水处理难度及粪便资源化利用程度的重要环节，相比水冲粪、水泡粪工艺，干清粪工艺耗水量最小，污水处理成本最低，粪便资源化利用程度最高，在劳动力资源丰富时是猪场可选择的理想清粪工艺。猪粪通常先通过腐熟堆肥进行无害化处理，主要包括条垛堆肥、强制通风静态堆肥、槽式堆肥和反应器堆肥4种方法。条垛堆肥因其投资小、周期长而适用于小型猪场；强制通风静态堆肥、槽式堆肥、反应器堆肥适用于规模化猪场，3种方式投资及运行费用逐渐升高，占地面积、堆肥周期逐渐缩短，规模化猪场可根据投资预算、用地条件、周边环境等综合考虑选择适用的堆肥技术。粪水处理主要有达标排放和还田利用两种处理模式。从养殖规模来看，在综合条件适宜的地区，存栏量10 000头及以上的猪场宜采用达标排放模式，存栏量2 000头及以下的猪场应尽可能选择还田利用模式；从自然地理环境条件及排水去向来看，达标排放模式适用于城市近郊、经济发达、土地紧张、环境无法消纳的地区，还田利用模式适用于离城市较远、经济欠发达、有足够可利用土地的地区。"物理处理+生物处理+化学处理+自然处理/深度处理"是达标排放模式的发展趋势，只要选择适宜的处理技术并进行科学的管理维护，是一种可行的粪污处理模式，能够有效解决猪场环境污染问题；还田利用模式可实现污染物资源化利用，并减少化肥施用带来的面源污染，但当前仍存在一系列潜在风险和制约问题，多年来形成的不能达标排放就还田利用的治理思路是不正确的，需要制定科学的还田利用技术规范，根据土壤肥力合理施用净化处理后的猪场粪水。

第四节 案例分析

响滩村养殖场位于德阳市中江县仓山镇响滩村，目前的生猪存栏量为200~400头。该养殖场废水有机物浓度高、氨氮浓度高、恶臭严重，采用常规工艺进行处理难以实现氨氮达标排放。通过对养猪场排放废水的现场观察分析，养殖场选用工艺操作简单、运行费用较低，处理后出水水质效果良好的工艺，并且充分考虑该处理系统以后的升级因素（规模的扩大或水质变化）最终确定该系统采用"沉渣池+生物基质池+绿狐尾藻植物塘"工艺。

养殖场的粪污经过沉渣池、生物基质池与生态湿地多重降解净化过程，最终排放的水中污染物浓度大大降低，可以达到国家《畜禽养殖业污染物排放标准》（GB 18596—2001），具体工艺流程见图6-5。

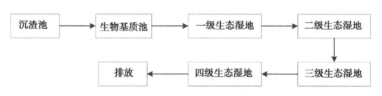

图6-5 养殖废水低污染排放治理工程工艺流程

一、干湿分离系统

根据项目区示范点生猪养殖规模以及生猪养殖粪污排放现状（冲洗式），将生猪养殖废水通过排放沟渠，引入干湿分离池（容积为6m³）（图6-6），通过简单发酵后，对猪粪进行干湿分离，固体废弃物采用人工清除施入农田，液体废弃物进行分流，一部分进入沼气发酵池，用于供电，另一部分通过封闭运输管道（图6-7），进入下一级处理的生物基质消纳系统。

图6-6　干湿分离池

图6-7　封闭运输管道

二、生物基质消纳系统

生物基质消纳系统（简称"基质池"）的技术参数和空间布设要求，主要包括：深度为70～150cm，根据存栏猪头数确定面积大小；稻草基质池在保证总容积大小的基础上可以由多个池子串联；基质池墙体和底部要求具有防渗功能，其中墙体材质为砖混结构，厚15～20cm，底部为混凝土打底，厚10～15cm；稻草基质池的形状可以是圆形、方形或不规则形，空间布局也可根据实际土地情况灵活掌握。本工程中生物基质消纳系统为两级生物基质池串联，总容积为75m^3（图6-8）。

图6-8 基质池

三、生态湿地消纳系统

经过生物基质消纳系统处理的养殖废水，可进入下一

步的三级湿地消纳系统，湿地总面积可根据养殖规模和上述
技术参数进行确定。以狐尾藻作为饲料的湿地控制水深15～
50cm，作为养殖的湿地水深应根据养殖动物（鱼、膳、鳅
等）的适宜深度（50～200cm）设定。跌水坎各部位均采用混
凝土构筑，跌水下端设置防冲设施；底部为土质，但要适当夯
实，防止池水过多渗漏。各级湿地之间可以毗连，也可以隔开
一定距离，由管道连接，上下级之间保持10～20cm的落差，
保证从上到下能够自流。湿地的形状不限，可以根据实际情况
设置为方形、圆形或不规则形。

　　经过干湿分离—生物基质消纳系统—生态湿地消纳系统
后，出水口的水质有了明显好转，低于集约化畜禽养殖业水污
染物最高允许日均排放浓度的国家标准。而且运行稳定，管理
维护成本低，且该工程中养殖废水转运方式无动力重力密闭式
PE管道运输，污水存贮池均有密封技术处理，既实现了规模
以下生猪养殖场养殖废水低污染排放，又抑制了有毒有害气体
扩散，对于推动养殖业健康发展和保障乡村生态环境具有显著
效果。同时，该工程中水生植物绿狐尾藻不仅能作为家禽养殖
（鸭和鹅）绿色饲料，还能通过在三级和四级生态湿地蓄水进
行鱼类养殖，延伸和拓展了示范工程的经济效益。

　　浙江省建德市万秋生态养殖场占地面积140亩，其中果园
84亩，菜藕基地10亩。而猪舍面积3 000m²，饲料加工和管理
厂房等建筑320m²，年平均存栏生猪1 200余头。养殖场建成了
3座沼气池，总容积达到320m³，并配置了15m³的沼气贮存柜
以及发电机组1套。果园中建成了54m³的贮液池一座，并配有
高压吸肥泵2台。该生态养殖模式以沼气工程为纽带，实现了

畜禽养殖业与果园、蔬菜等种植业的有机结合。沼气工程采用三级厌氧消化工艺，强化对高浓度有机物的降解率和对病菌虫卵以及病毒等有害生物的杀灭效果。经过厌氧消化所产生的沼气可用作炊事燃料、点灯照明，以及发电加工饲料、抽水、带动高压泵输送沼肥上果园等。而产生的沼渣沼液作为果园、蔬菜基地的有机肥料。沼气工程及配套设施的建设，为猪场粪尿污水无害化处理、资源化利用创造了有利条件，为种植业和养殖业的健康发展提供了支持，形成了高效的"猪—沼—果（蔬菜）"能源生态养殖模式。

第七章 旱地"农林牧复合种养"模式

第一节 基本概念

三大平原农区指的是东北平原、黄淮海平原和长江中下游平原，是我国粮、棉、油等大宗农产品、畜产品乃至蔬菜、林果产品的主要产区，也"接纳"了过量的化肥农药，产生了巨量的农业废弃物。区域面临高环境污染风险，包括地下水污染、水体富营养化、土壤退化和雾霾天气频发等，对人体健康造成极大威胁。发展生态农业，挖掘农林、农牧、林牧不同产业之间的相互促进、协调发展的能力，对于我国的食物安全和农业自身的生态环境保护具有重要意义。

"农林牧复合种养"模式是指以种植业、养殖业为核心的种养功能复合的循环农业经济模式，该模式借助接口技术或资源利用在时空上的互补性所形成的两个或两个以上产业或组分的复合生产模式采用清洁生产的方式，实现农业产业规模化生产、增加产品附加值以及农业废弃物的资源化综合利用。种植业为养殖业提供饲料饲草，养殖业为种植业提供有机肥，其中利用秸秆转化饲料技术、利用粪便发酵和有机肥生产技术均属接口技术，是平原农牧业持续发展的关键技术。通过该模式的实施，可有效地整合种植业、养殖业乃至加工业的资源优势，从而实现产业集群化、资源循环化、环境友好化的可持续发展模式。

常见的农林牧复合种养模式有以下几种。

①青储养畜—粪便还田模式，将秸秆转变为青储饲料用来饲养牛羊等牲畜，养殖粪便再堆沤还田。

②复合生物系统高效种植模式。

③以林业为纽带的林下种养结合新型模式。

种植业与牧业养殖紧密结合，形成"农田—畜牧场—物质回田—农业发展"的良性循环模式，不仅实现了产品的升级，而且将非目标性产品转化为目标产品，达到物质的良性循环多级利用，是增加经济产出与效益的重要手段。"粮多—猪多，猪多—粮多"的良性循环，可以说这也是现代循环农业的雏形。以作物秸秆为核心的循环农业，主要是将秸秆处理为原料、饲料和肥料。秸秆变废为宝可以通过多种途径实现：将秸秆转变为青储饲料用来饲养牛羊等牲畜；将秸秆沤肥可以作为有机肥施用到农田中；将秸秆作为制造沼气的原料用于生活能源。3种转变途径最后都可以与土壤（农作物的再生长）联系起来。秸秆还可以造纸、制作板材等，很多作物的秸秆还可以制成草帘，甚至制作成工艺品等。即围绕秸秆饲料、燃料、基料化综合利用，构建"秸秆—基料—食用菌""秸秆—成型燃料—燃料—农户""秸秆—青贮饲料—养殖业"产业链。

复合生物系统高效种植模式是通过间作、套作、复种、轮作等种植方式，合理配置粮食、经济作物、果林等不同植物，通过对资源的多层级利用、对资源的空间和时间互补利用，实现高效利用资源的目标。

以林业为纽带的林下种养结合新型模式在环境可持续发展理念的指导下，充分利用林地以下的空间资源，发展种植业、养殖业等相关农副产品，提高林地的资源利用率，并提高经济收益，该模式可以达到环境可持续发展与林地资源高效利用的双赢。

第二节　发展条件

青储养畜—粪便还田与桑基鱼塘模式一般适用于从事传统农产品生产加工的小规模家庭经营农户，如做豆腐、磨粉等。以加工的下脚料（如豆渣、粉渣）喂猪，猪粪入池，沼气用于烧饭、加工、照明。又如以精养鱼池为基础的循环生产模式：作物种植—青储饲料—排泄物—喂猪—沼渣沼液—沼气发酵池—淤泥—种植的生产模式，可以有效地实现有机物多层利用以及能源转化的优化种养模式，是有利于促进农、牧、渔、能源全面发展的一种有效措施。

高效种养模式及林下种养模式则是高效利用了种养殖空间，种植、养殖结构应适度多样。复合高效种养模式多集中于农林、农牧、林牧的结合上，此类型的结合一般以农作物秸秆以及畜禽粪便为纽带。通过间作、套作、复种、轮作等种植方式，合理配置粮食、经济作物、果林等不同植物，通过对资源的多层级利用、对资源的空间和时间互补利用，实现高效利用资源的目标。林下种养模式则通过农田耕地资源与动物养殖资源的合理优化配置，形成基于农田尺度的精致型循环生产系统。

第三节　技术要点及实例

一、青储养畜—粪便还田模式技术要点

青储养畜—粪便还田模式是在小型种植业家庭农场的基础上，发展适度规模生猪生产，农场经营户既种植农作物又饲养生猪，将猪粪尿就近还田，形成了种植业与养殖业一体化生产模式。该模式需要建立牢固实用的储存畜禽粪便、沼（尿）液的设施和运送、施用管网和设施，使畜禽粪便经堆放发酵后施用还田，沼（尿）液经储存、再以液体有机肥形式施用作物，达到完全使畜禽场周边环境及水体不受畜禽生产污染的目标，实现种植业与养殖业生态链接，降低农作物的化肥施用量，提高农产品的内在质量，发展生态循环经济，推动生态有机农业的发展。其大致流程见图7-1。

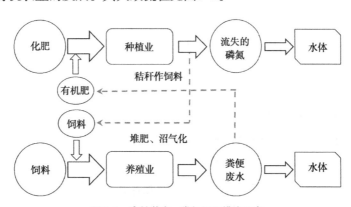

图7-1　青储养畜—粪便还田模式示意

畜禽粪便作为肥料应充分腐熟，卫生学指标及重金属含

量达到本标准的要求后方可施用。畜禽粪料单独或与其他肥料配施时，应满足作物对营养元素的需要，适量施肥，以保持或提高土壤肥力及土壤活性。肥料的施用应不对环境和作物产生不良后果，其具体标准应严格按照国家标准《畜禽粪便还田技术规范》（GB/T 25246—2010）进行操作。

各项肥料具体施用方法如下。

1. 基肥（基施）

①撒施：在耕地前将肥料均匀撒于地表，结合耕地把肥料翻入土中，使肥土相融，此方法适用于水田、大田作物及蔬菜作物。

②条施（沟施）：结合犁地开沟，将肥料按条状集中施于作物播种行内，适用于大田、蔬菜作物。

③穴施：在作物播种或种植穴内施肥，适用于大田、蔬菜作物。

④环状施肥（轮状施肥）：在冬前或春季，以作物主茎为圆心，沿株冠垂直投影边缘外侧开沟，将肥料施入沟中并覆土，适用于多年生果树施肥。

2. 追肥（追施）

①腐熟的沼渣、沼液和添加速效养分的有机复混肥可用作追肥。

②条施：使用方法同基施中的条施。适用于大田、蔬菜作物。

③穴施：在苗期按株或在两株间开穴施肥，适用于大田、蔬菜作物。

④环状施肥：使用方法同基施中的环状施肥。适用于多年生果树。

⑤根外追肥：在作物生育期间，采用叶面喷施等方法，迅速补充营养满足作物生长发育的需要。

3. 叶面肥

沼液用作叶面肥施用时，其质量应符合《含有机质叶面肥料》（GB/T 17419—2008）和《微量元素叶面肥料》（GB/T 17420—1998）的技术要求。

春、秋季节，宜在上午露水干后（约10：00）进行，夏季以傍晚为好，中午高温及雨天不要喷施。喷施时，以喷施叶面为主，沼液浓度视作物品种、生长期和气温而定，一般需要加清水稀释。在作物幼苗、嫩叶期和夏季高温期，应充分稀释，防止对植株造成危害。

条施、穴施和环状施肥的沟深、沟宽应按不同作物、不同生长期的相应生产技术规程的要求执行。畜禽粪肥主要用作基肥，施肥时间秋施比春施效果好。在饮用水源保护区不应施用畜禽粪肥。在农业区使用时应避开雨季，施入裸露农田后应在24h内翻耕入土。

4. 还田限量

以生产需要为基础，以地定产、以产定肥。根据土壤肥力，确定作物预期产量（能达到的目标产量），计算作物单位产量的养分吸收量。结合畜禽粪便中营养元素的含量、作物当年或当季的利用率，计算基施或追施应投加的畜禽粪便的量。畜禽粪便的农田施用量计算公式和施用限量参考值、相应参数可参照《畜禽粪便还田技术规范》（GB/T 25246—2010）中的附录A执行。沼液、沼渣的施用量应折合成干粪的营养物质含量进行计算。

广西灵山县甘蔗种植面积大，产量较高，以往的生产中甘蔗副产品多被废弃，造成了资源浪费与环境污染。为了开发甘蔗副产品资源的综合利用，变废为宝，探索了"甘蔗副产品—养畜—粪便还田—种植"的新路子。甘蔗收货后收集甘蔗叶铡碎为2～4cm，装入发酵池，分层均匀喷洒1% EM菌和1%糖蜜混合液，至枯秆完全吸湿饱和为度。之后用薄膜覆盖密封，然后再封一层20cm厚的泥浆，并搭架盖一层石棉瓦防雨淋。经EM菌发酵7～15d后的甘蔗副产品即可喂牛。经测算，一亩甘蔗的副产品饲料可饲养6头育肥牛，增益2 808元。同时一亩甘蔗的副产品发酵饲料养牛可产粪便等优质有机肥2.7t，返施一亩甘蔗地，不但提高了土壤肥力，改善了土壤理化性状，而且次年可以减少化肥施用量，甘蔗产量也得到较大的提高。

二、复合生物系统高效种植模式技术要点

复合生物系统高效种植模式是通过间作、套作、复种、轮作等种植方式，合理配置粮食、经济作物、果林等不同植物，通过对资源的多层级利用、对资源的空间、时间互补利用，实现高效利用资源。

因此该模式的应用需要遵循以下原则。

①要充分利用光能，提高设施利用效率。高矮秆作物搭配，喜光与喜阴作物搭配，深根系与浅根系作物搭配，早熟作

物与晚熟作物搭配，长生长期作物与短生长期作物搭配，使得太阳光能的利用率达到最大化。

②要避免作物种类之间的相克现象。植物之间有相克的现象，相克作用分为直接相克和间接相克两种情况。直接相克是一种作物的根系分泌物或者地上部分发出的气味有抑制另一种作物根和地上部分活动的作用，有的甚至会有毒副作用，如番茄对黄瓜，洋葱对菜豆等均有相克作用。间接相克是两种作物在吸收土壤营养的时间、种类和数量上基本相同，如果套种在一起或者作为前后茬，容易出现营养缺乏的现象，影响后茬作物的正常发育。还有就是具有相同病害的作物之间的病菌能够相互交叉感染，如果套种在一起，会加重病虫害的发生。

③要有利于改善微环境小气候。每一种作物生长发育所需要的气候条件不同，他们的生长过程也改变着周围的小气候。在采用立体栽培技术时，也要考虑到这一点，使他们能够相互适应，相互有利。如在黄瓜下层种植平菇。

④要使种植的不同作物对环境条件的要求尽可能保持一致。由于同一区域的环境条件是相对稳定的，如果两种作物对环境条件的要求相差很大，那是不能种植在一起的，因为两者管理上无法两全，如果一定要兼顾的话，两者都无法生长好。

⑤能够高产高效，增产增收。要选择产量高、产值高的作物相互搭配，产品市场行情要好，要有一定的规模，要发展区域名优特稀品种，打出品牌，实现优质优价。

小麦—大豆模式是湖北潜江市旱地主栽模式，潜半夏是潜江特产，以旱地沙壤地野生半夏品质最佳。豆天蛾幼虫

（豆虫）是以食豆叶、喝甘露为生的一种高蛋白软体小动物，营养价值高，市场前景广阔。野生半夏春夏季生长有小麦、大豆田半阴半阳的温光环境，田间采挖多在大豆作物收获后的9月、10月进行，野生豆天蛾又以大豆生育后期活动最盛，小麦、大豆、半夏和豆天蛾幼虫在本生态区域耕作环境下和谐共生并相互依存，具备实施综合种养开发的理论基础，也切合发展农业资源关系紧密、地域特征明显型现代农业的内涵特征及发展趋势。效益是传统麦—豆轮作模式产值的2.1～4.1倍。

其他高效种养模式还有很多。

①三种三收栽培模式。如番茄—豇豆（长豆角）—长辣椒模式：番茄11月上旬育苗，翌年1月中下旬定植，5月上旬拉秧；长豆角4月中下旬在番茄下直播，6月底开始收获，8月底拉秧；辣椒7月上中旬遮阴育苗，8月底定植，元月中旬拉秧。同此模式相似的还有草莓—番茄—玉米模式、马铃薯—菜花—番茄模式、黄瓜—番茄—绿菜花模式、番茄—长豆角—洋香瓜模式、茄果类—绿叶类—瓜类模式、辣椒—甘蓝—黄瓜模式等。

②四种四收栽培模式。如茄子—冬瓜—绿菜花—莴苣（生菜）模式：茄子选早熟品种11月下旬在棚内育苗，次年3月上旬定植，4月下旬开始采收，5月下旬拉秧；冬瓜4月下旬露地育苗，5月下旬定植，7月中旬开始采收，8月上旬拉秧。绿菜花7月上旬露地育苗，8月上旬定植，10月初收获上市；莴苣10月中旬在大棚内育苗，同时扣膜，11月中旬定植，翌年1月上旬开始采收。同此模式相似的还有芹菜—番茄—菜豆—

菜花模式、节瓜（菜瓜）—甘蓝—菜豆—芫荽模式、西葫芦—黄瓜—菜豆—茼蒿模式。

③多收模式。在日光温室中的一年多种多收模式，是在一年三种三收的基础上，通过间作和套种，增加种植品种和收获次数的方法。如早春黄瓜间作甘蓝—夏白菜间作夏萝卜—秋延后番茄间作菜花模式：黄瓜1月初育苗，2月初定植，两垄间预留80cm宽的甘蓝用地，4月下旬开始采收，6月下旬拉秧；甘蓝选用生长期短、耐弱光的品种，11月底育苗，翌年1月下旬定植，4月中旬收获；大白菜选用抗热品种，在黄瓜拉秧后定植，8月下旬采收；萝卜选用耐热品种，在定植大白菜的同时，隔垄直播，8月下旬收获；番茄7月下旬遮阴防雨育苗，8月底至9月初定植，10月上旬扣棚，次年1月下旬拉秧；菜花选用中早早熟品种，7月上旬遮阴育苗，8月上旬定植，10月下旬收获。同此模式相似的还有芹菜—番茄—水萝卜—黄瓜—菜花模式、芹菜—菠菜—平菇—黄瓜—豇豆—油菜模式、菠菜间作平菇—早春黄瓜间作甘蓝—夏豆角间作草菇模式等。

三、以林业为纽带的林下种养结合新型模式技术要点

以林业为纽带的林下种养结合新型模式在环境可持续发展理念的指导下，可充分利用林地以下的空间资源，发展种植业、养殖业等相关农副产品，提高林地的资源利用率，并提高经济收益。该模式可以达到环境可持续发展与林地资源高效利用的双赢。发展林下经济模式，要因地制宜、因人制宜、科学选择，就我国北方地区的现有条件、生产经验及地理特点来

看，主要有如下几种林下种养模式：林禽模式、林兔模式、林狐模式、林菌模式、林药模式。

如采用林下养鸡模式，养殖土鸡的林地要宽敞开阔，有一定坡度，草木茂盛，交通便利，有养殖饮用水。一般来说，每亩林地的饲养密度不超过100只。一群鸡建一个鸡舍，彼此间尽量不要混杂在一起。鸡舍内要设有栖架，育雏舍内要有保温设施，母鸡舍内应设有产蛋窝或产蛋箱。建议选择当地土鸡或含地方鸡血缘的改良鸡种。

林兔模式是山东省商河县的经典林下经济种养模式的代表。这种模式提高了土地利用率，林子遮光降温，与獭兔喜凉爽的习性吻合。兔粪能够改善土壤结构，有效补充土壤养分，培肥地力，减少化肥使用。此外，林内养殖空间大，解决了群众在庭院养殖中气味浓的问题。按公司收购价，一亩獭兔养殖小区1年纯收入约2.7万元。同时该模式显著减少粪便及气味对环境的污染和人的不利影响，形成良性的生态循环。该模式改善了当地农业产业结构相对单一的现状，提高农村剩余劳动力特别是中老年人员的从业机会和就业渠道，促进农村社会的稳定发展，大幅度增加农民收入，提高了商河县农副产品总量。

第八章 水田"稻渔共生"模式

第一节 基本概念

水稻是我国主要的粮食作物，也是单产最高的粮食作物。在全国范围内，除西藏和青海的水稻种植面积较小外，其余各省区市都种植一定面积的水稻。水稻的种植区域广泛，有多种种植制度，而且有不同类型的品种，对我国农民保障收入具有重要作用，对我国粮食安全和生态安全具有重要意义。在世界范围内，我国也是全球主要的水稻生产国，我国的水稻面积仅次于印度，总产量居全球首位。

水田"稻渔共生"模式是一种水稻种植与水产养殖相结合的稻田生态养殖模式，该养殖模式不仅可以减少化肥和农药的使用量，而且可以在稳定粮食生产的前提下提高水稻的量并增加额外的养殖收益，使农民的收入得到提高，已经成为我国重要的生态稻作模式。水田"稻渔共生"模式由水体生态系统和稻田生态系统共同组成，它将水稻种植与鱼、虾、蟹、鸭等水产动物的养殖有机地集中在同一生产系统中，通过人工调控，进行规模化开发、集约化经营、标准化生产、品牌化运作，实现稻渔互利共生。

与传统稻田养殖相比，水田"稻渔共生"模式具有以下特征。

1. 规模化

传统的稻田养殖以一家一户的分散经营为主，一般会面临资金不足、管理不善等问题，导致综合效益并不高。近年来，随着农业机械化的发展，稻田养殖呈连片开发、规模化生产的新特点。农民可以用最少的劳动力与物质消耗来获取最大的收益，极大地提高了农业生产率和经济效益。

2. 特种化

传统的稻田养殖主要为常规鱼类，增收的效果并不明显。近年来，随着我国稻田养殖技术的发展，水田"稻渔共生"模式也从原来单一的"稻鱼共生"向"稻鱼""稻虾""稻蟹""稻鸭"等多种模式发展。各地区结合自身发展情况，一些经济价值高的名特优品种成为稻田养殖的主养品种。

3. 产业化

与单一的粮食生产不同，水田"稻渔共生"模式采用了种植和养殖结合、加工销售和农机配套服务一体化生产经营模式，延长了产业链，提升了专业化分工和社会化服务水平，并进一步提高了经济效益。

4. 标准化

随着水田"稻渔共生"模式规模化和产业化发展，各项工程和技术也日益规范化。国家和地方制定了一些标准和生产技术规范以便于水田"稻渔共生"模式的实施。这有利于优化农产品品质，推进农业产业化发展，加快农业现代化和农业结构调整进程。

第二节 发展条件

我国人口众多，人均资源相对较少。开展水田"稻渔共生"模式可以合理地利用相对有限的农业资源，在增加农民收入、调整优化农业结构、推动农业科技进步等方面都可以发挥巨大的作用，对于发展高产、优质、高效农业有着深远的现实意义，在我国发展的可行性很高。

我国对于开展水田"稻渔共生"模式出台了多项政策进行扶持。2015年，《国务院办公厅关于加快转变农业发展方式的意见》提出"开展稻田综合种养技术示范，推广稻渔共生、鱼菜共生等综合种养技术新模式"；2016年，中央一号文件《关于落实发展新理念加快农业现代化实现全面小康目标的若干意见》提出"启动实施种养结合循环农业示范工程，推动种养结合、农牧循环发展"；2017年，中央一号文件《关于深入推进农业供给侧结构性改革　加快培育农业农村发展新动能的若干意见》提出"推进稻田综合种养"；2018年，中央一号文件《中共中央国务院关于实施乡村振兴战略的意见》提出要实施质量兴农战略，优化养殖业空间布局，大力发展绿色生态健康养殖；《全国农业可持续发展规划（2015—2030年）》《全国渔业发展第十三个五年规划》《农业部关于进一步调整优化农业结构的指导意见》《农业部关于加快推进渔业转方式调结构的指导意见》《全国农业现代化规划（2016—2020年）》等都对开展水田"稻渔共生"模式提出了明确要求。

而开展水田"稻渔共生"模式有以下3个基本条件。

1. 水源、水质、水量

养殖水产动物首先要有优质的水源，应选择环境良好和周围没有工业"三废"及城镇生活、医疗废弃物污染的稻田进行养殖，各项检测指标应符合《无公害食品　淡水养殖产地环境条件》（NY 5361—2016）标准。同时要用水方便，水量充足，达到旱久不涸，雨水不漫。

2. 地势、土质、面积

进行养殖的稻田应尽量选在地势平坦的地方，以便用水和排水，而在地势不平的丘陵和山区，需处理因地势高差导致的渗漏问题。同时，应选土壤肥沃的稻田，以黏性土壤为最佳，矿质土壤、沙土和盐碱土容易发生渗水和漏水。面积原则上不限，每块面积5～10亩，最好集中连片，便于水产品销售、品牌创建和形成产业化。

3. 电力、交通、通信

必须要求供电稳定、交通便利、通信方便，这关系到水产品的运输、来往人员的交流以及信息的传输。尤其对于规模化稻田养殖，显得格外重要。同时，还可将稻田养殖与乡村旅游结合起来，形成以旅促农、以农兴旅的新格局。

第三节　技术要点及实例

稻渔共作模式的选址应选择水源充足、灌排方便、水源不受污染、地势平坦、保水力强的稻田，同时要通电、交通方便。水稻选择茎秆粗壮、分蘖力强、抗倒伏、抗病、丰产性能好、品质优、适宜当地种植的水稻品种。稻田修整尤为重要，加高加固田埂可以防止雨水冲垮田埂而导致鱼、虾等逃跑，一般高度为30～60cm。

一、稻鱼共生模式

水稻插秧前，在稻田中挖出沟塘。在稻田排灌水、晒田、施化肥农药时，鱼等可以暂时集中在鱼沟、鱼塘里；在夏季水温过高时，鱼也可以游到较深的鱼沟、鱼塘中避暑；同时，鱼沟、鱼塘也有助于鱼的捕捞。稻田养鱼应以各种鲤鱼、鲫鱼和草鱼为主，搭配部分鲢鱼和泥鳅鱼。鱼苗一般在水稻插秧返青后、水稻有效分蘖期前投放。如果投放过早，用来稻田除草的除草剂药效期还没过，会对鱼苗造成药害；如果投放过晚，鱼苗的生长周期过短，会影响鱼的产量。投放时，鲤鱼和鲫鱼先投放，草鱼不宜投放太早，最好在水稻分蘖盛期投放。同时，要在晴天上午或傍晚投放，必须注意不能在雨天或晴天正午投放。稻田养鱼对施基肥和农家肥无特殊要求，一般在水稻移栽后适当配合使用有机肥、化肥。水稻分蘖盛期后应注意控制施肥量，并停止氮素化肥的使用，以免氮肥过多造成水稻贪青。

在我国的浙江省青田县，稻鱼共生已不仅是一项传统的农业技术，更是一种文化、一种精神和一种象征，体现出重要的传统农业生产特征与文化特色。2005年，"浙江青田稻鱼共生系统"被联合国粮农组织认定为全球重要农业文化遗产，成为全球首批6个全球重要农业文化遗产之一、中国第一个全球重要农业文化遗产。2013年，"浙江青田稻鱼共生系统"被农业部列入首批"中国重要农业文化遗产"名录。青田县稻鱼共生面积达8万亩，总产值2.24亿元。依靠稻鱼共生模式，当地政府还开发了多种旅游资源，包括农耕文化旅游资源、田鱼文化旅游资源、民俗文化旅游资源以及传统村落旅游资源等。

二、稻虾共生模式

稻虾共生系统也是一种稻田种养相结合的生态农业模式，即在稻田中养殖小龙虾并种植水稻，在水稻种植期间，小龙虾与水稻在稻田中互利共生。稻田里要保持水质干净，溶氧充足。如果发现水质过差，应及时加水和换水。施肥时应尽可能施用生物肥和腐熟的有机肥。基肥一定要施足，以保持肥力长效持久；追肥要少施，禁止使用对小龙虾生长阶段有害的化肥，如氨水、碳酸氢铵等。而施药时要尽可能选择高效低毒的农药，最好选择生物农药制剂。施药时要严格遵守安全使用浓度，以确保小龙虾的安全。同时农药要施在水稻叶面上，不要施入或少施入水中。施药后稻田中的水最好不要流入沟中。根据市场行情和需要，及时捕捞。捕捞时进行排水，使成虾随水流慢慢往下游，使用网具在排水口进行捕捞。如1次未收干净，可重新灌水，重复进行捕捞，直到捕完。7—8月，先获得第1季商品虾；翌年4—5月，再获得第2季商品虾。

小龙虾是非常火爆的一种小吃，每到炎热的夏季，大大小小的小龙虾餐馆和夜市的地摊上会有很多人在吃小龙虾。在湖南省常德市安乡县大湖口镇潭子口村，同福楚源农作物种植

171

专业合作社看准了这一商机，建起了1 000亩稻虾套养示范基地。每年5月底小龙虾上市完毕，田里种水稻，留少量种虾与水稻共生。10月，水稻快成熟，放水干田，种虾入水沟。水稻收割后，田里再灌水，让小龙虾繁殖、育苗、长大，翌年4月上市，实现"一水两用、一地两收"。小龙虾对水质要求较高，稻田不用化肥、农药。小龙虾将稻田中的杂草作为饵料食用，实现了除草剂减量施用甚至不施用。小龙虾吃食了螟虫类幼虫和蛹，能够降低螟虫类越冬基数，从而减轻虫害。小龙虾产生的排泄物又为水稻生长提供了养料，形成了一种优势互补的生物链。再加上稻田养虾一年只种一季水稻，冬季涵养水土保持了地力。通过选用优良粳稻品种、合理密植等办法，保障了水稻的有效分蘖、有效穗数和正常穴数，水稻增收明显。

三、稻蟹共生模式

稻蟹共生就是利用稻蟹共生原理，稻和蟹既互相促进、互相依赖、互相制约，又保持稻田的生态平衡，降低了化肥、农药的使用量，减少了生产成本，提高了螃蟹和水稻的质量，提升了农产品的竞争力和市场的占有率。稻田养蟹变单一经营为综合经营，变平面生产为立体生产，对稳定粮食生产、提高农产品质量、增加农民收入、改善生态环境发挥重要作用。

稻蟹养殖田需修建防逃设施与暗沟。将田埂加宽到2m，加高到70～80cm；在池埂内侧铺上塑料布，并在进排水口处加设防逃网；同时在田埂内侧按池埂走向挖一条宽

40～50cm、深15～20cm的暗沟便于河蟹避暑休息。蟹种放养的时间一般在水稻插秧返青后，此时的蟹苗称为"扣蟹"。放养时要注意均匀分散投放，以避免蟹苗因过于集中而导致自相残杀，降低了蟹苗的成活率。稻蟹养殖田中肥料应以有机肥为主，在施足基肥后，要尽可能减少追肥次数。同时要尽量减少农药的使用量，采取插前封闭的方法除草。在必须使用农药时，也应选择高效低毒农药。施药后应立即改换新水。

　　江苏省灌南县地处江苏省东北部，气候温和湿润，四季分明，土壤耕性好。水稻是全县的主体作物，是农民的主要收入来源。同时该地区水质优良，是螃蟹养殖的适宜场所。稻田养蟹新模式不仅降低了化肥和农药的使用量，减少了生产成本，并且提高了螃蟹和水稻的质量，提升了农产品的竞争力和市场的占有率，增加了当地农民的收入、改善了当地的生态环境。当地农民修筑高1m、宽5m的田埂，将田埂加高加固，压实夯牢，防止汛期溢水和螃蟹逃逸。同时，他们在田埂边开挖宽8m、深0.8m的环沟和宽8m、深0.8m的蟹苗、蟹种暂养池。田埂周围用有机玻璃埋入土中深0.5m用作防逃设施。现在一亩地的纯利润有三五千元，收入是原来单种水稻的4倍。而螃蟹年产值上百万元，再加上水稻一年利润至少70万元。该技术有助于耕地可持续利用，减少化肥农药的投入，实现用地养地相结合，打破恶性循环，推进生态修复治理，缓解生态环境压力，加快农业发展方式转变。

第九章 西北"五配套"模式

第一节 基本概念

我国西北地区年平均气温低，日照充足，地广人稀，适宜发展畜牧养殖业和果树种植业。利用这个优势，该地区经过长期的摸索，发展了一种果园"五配套"生态农业模式。这种生态农业模式解决的是西北干旱地区的用水，以及种养脱节问题，促进农业持续发展，提高农民收入。"五配套"生态家园模式以农户的土地资源为基础，以太阳能为动力，以新型高效沼气池为纽带，形成了以农带牧、以牧促沼、以沼促果、果牧结合、配套发展的良性循环体系。在最初定义中，"五配套"模式由沼气池、猪（鸡）舍、节水灌溉系统、蓄水窖、看护房组成。考虑到投资、实用性等问题，果园"五配套"模式不断更新改进，在西北更多地区，以牧草代替节水灌溉系统，以果园代替看护房，形成了"果—畜—沼—窖—草"五配套的生态家园模式（图9-1）。

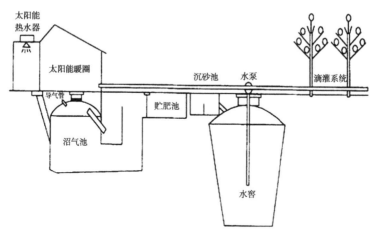

图9-1 山西省晋中市五配套生态果园模式

图片来源：薛彦棠. 山西省晋中市五配套生态果园模式[J]. 中国果树，2006（4）：62.

第二节 发展条件

　　旱区"五配套"沼气生态模式是从我国旱区的实际出发，依据生态学、经济学、系统工程学原理，从有利于农业生态系统物质和能量的转换与平衡出发，充分发挥系统内的动、植物与光、热、气、水、土等环境因素的作用，建立的生物种群互惠共生、相互促进、协调发展的能源—生态—经济良性循环发展系统，能高效率利用农民所拥有的土地资源和劳动力资源，引导农民脱贫致富，创造良好的生态环境，带动农村经济可持续发展。这一模式的发展需要良好的适宜生态果园发展的自然环境条件，如光照、温度、水分、土壤养分，还要满足果园保墒、果树抗旱、增草促畜、肥土改土等需求。

第三节　技术要点及实例

　　沼气池是联结养殖与种植、生活用能与生产用肥的纽带。每家农户建设的沼气池在8~15m³，可以满足家庭点灯、做饭的燃料需求，又可解决人、畜粪便随地排放造成的各种病虫害孳生问题，改变了农村生产和生活环境。同时沼气池发酵后的沼渣可用于果园施肥，沼液可用于果树叶面喷肥、喂猪，从而达到改善环境、利用能源、促进生产、提高生活水平的目的。水窖在每年5—9月收集自然降水，加上循环多次用水再蓄水，年可蓄积自然降水120~180m³。滴灌是将水窖中蓄积的雨水通过水泵增压提水，经输水管道输送分配到滴灌管滴头。结合灌水可使沼气发酵系统产生的沼液随灌水施入果树根部，使果树根系区经常保持适宜的水分和养分。

　　渭北黄土高原地处陕北丘陵沟壑区的南部，关中旱原区的北部，当地发展了生态果园系统。该系统是以3 335m²左右的成龄果园为基本生产单元，在果园内建一个10m³的新型高效沼气池，一座20m³的太阳能猪圈，猪粪尿入池发酵，一眼40m³水窖，并通过果园种草，起到保墒、抗旱、增草促畜、肥地改土的作用。与国内其他区域的模式不同，当地模式多了水窖这一结构，用于收集和贮藏地表径流雨、雪等水资源，除了供沼气池、园内喷药及人畜生活用水外，还可补充果园灌溉用水，防止关键时期缺水对果树发育的影响。经过测算，

$10m^3$的新型高效沼气池，供沼气灶、沼气灯使用，每年可节约煤电开支约400元，可产高效无害有机沼肥35t。利用沼肥种果，果品产量提高10%，优果率和商品率可提高25%；用沼液作为饲料添加剂喂猪，猪可提前一个多月出栏，每头猪平均可节省成本50元左右；用沼液喷施果树，既有肥效，还能兼防治病虫害，减少农药用量，降低生产成本。同时，沼气可以提供农户80%以上的生活燃料，这样可以缓解伐薪对森林植被的破坏。建造一个沼气池，每年节柴2 000kg以上，按每亩林地每年生长量500kg计算，相当于封育了4亩山林。

陕西省洛川县石头镇寨头村孟世芳家有5口人，建有$8m^3$沼气池1口，$30m^3$水窖1座，种植果园$0.33hm^2$。果园第1年套植玉米，第2至第4年套种大豆，果园挂果后套种三叶草，年出栏猪12头。在陕西省洛川县种植苹果，从幼树栽植到果树老化，寿命期一般为15年。对陕西省渭北旱塬果园"五配套"模式与一般苹果种植户生产模式的对比调查表明，施用沼肥达到5年以上的果园，其盛果期可延长1年。照此推算，如果在果园的整个生命周期中均施用沼肥（配合施用部分化肥），与以施用化肥为主（部分施用农家肥）的果园相比，果园寿命至少可延长3年以上，即由一般果园平均15年的寿命提高到18年以上。1口沼气池（养猪4~6头）基本能够满足$0.33hm^2$果园的沼肥需求。

山西省晋中市发展的"果—畜—沼—窖—草"五配套模式，在果园种草，生草为养猪提供饲料，同时减少水土流失。每$0.33hm^2$成龄果园建$10m^3$沼气池1个，沼气池所产生的沼气能提供80%日常生活所需燃料，每个沼气池每年产35t沼肥为果园提供有机肥。在沼气池上建20m²太阳能猪舍1座，在太阳能猪舍内养殖10头猪，猪为沼气池提供发酵原料。此外，晋中市属干旱半干旱地区，再建40m³水窖1眼收集和贮藏地表水，这些水除供人、畜用外，还供沼气池、果园喷药、灌溉用。通过五配套建设，实现了果园为养殖提供饲料，养殖为沼气提供原料，沼气为生活提供燃料，并为果园提供优质有机肥料，培肥了果园土壤，提高了果品质量。

第十章　"生态小镇"模式

第一节　基本概念

　　"生态小镇"模式属于观光农业的一种，是指广泛利用城市郊区的空间、农业的自然资源和乡村民俗风情及乡村文化等条件，通过合理规划、设计、施工，建立具有农业生产、生态、生活于一体的农业区域。伴随全球农业的产业化发展，人们发现，现代农业不仅具有生产性功能，还具有改善生态环境质量，为人们提供观光、休闲、度假的生活性功能。

　　该模式遵循生态学原则，基于小镇的现有资源，以当地历史文化作为发展特色，以周边特色旅游资源为资本，大力发展旅游业，实现生产与生态融合发展。生态小镇在不破坏生态平衡的基础上，实现了经济与生态的可持续发展，不仅能够满足现代农业的发展要求，还对提高农业的综合效益起着重要的作用。

第二节　发展条件

一、生态环境优美

　　面对环境污染严重、资源约束趋紧、生态系统退化的严峻形势，生活在城市中的人越来越渴望自然。因此，生态小镇最重要的就是"生态"二字。生态小镇的空间环境包括自然环境与人工环境两个方面。在自然环境方面，各类绿地是"小镇之肺"，各种水体湿地是"小镇之肾"，生态小镇必须注重保护土地、水体等自然资源，要意识到经济建设和生态保护同等重要，在不过度索取和损害生态环境的条件下实现可持续发展。在人工环境方面，生态小镇应该有着不同于城市的特色景观，可以利用现有的自然资源让小镇向园林化方向发展，并通过规划设计将生态要素融入小镇的建设中，吸引更多的人前往生态小镇，使他们在小镇中感到舒适与自在，自发培育出对生态小镇的心理归属感。

二、文化底蕴丰厚

优美的自然环境嵌入特别的文化底蕴则可以形成独特的生态小镇文化标识，并与产业融合发展。生态小镇的文化建设可以包括自然文化、乡土文化和建筑景观文化三方面。山、水、田、园是自然文化不可或缺的关键内容，贯彻自然文化有利于坚持生态优先的发展理念，培养人们对于环境的保护意识，实现人与自然的和谐发展。乡土文化能帮助生态小镇培育文化素养，还能结合旅游业，成为大旅游产业链上的重要元素。农事活动体验、农耕技术展示、民俗活动体验等形式，如都市人喜闻乐见的采摘、扎染、磨豆腐都是吸引眼球的活动。此外，建筑景观文化可以最直观地表现出生态小镇的文化氛围，富有地域性特征的建筑景观能帮助人们找到新鲜感，甚至是认同感和归属感。

三、内外交通便利

从观光旅游的角度看，与外部环境之间交通是否便利是最重要的一环。生态小镇交通的便利化程度在方便游客出游的同时，也会促进小镇旅游规模的扩大，有利于旅游业的发展。因此在进行交通体系规划设计时，要尤为关注。除此之外，在小镇内部也要修筑自行车道、林间道等交通道路，提供休闲、健身、商业等服务，可以满足人们释放城市压力、回归自然、返璞归真的需求。如果增加一些富有当地特色的交通方式，如船、索道等，则可以增加消费者的体验感和满意度。

四、旅游资源丰富

伴随着城市化的快速发展，大众休闲的需求日益强烈，忙碌的工作之余投身自然、投身乡村，可以让人身心放松。大众对自然景观的需求一般包括高山、峡谷、森林、火山、江河、湖泊、海滩、温泉、野生动植物、气候等。人文景观旅游资源包括历史文化古迹、古建筑、民族风情、现代建设新成就、饮食、购物、文化艺术和体育娱乐等。生态小镇所囊括的功能越多，则越能满足不同消费者的需求。

五、有独特的产业

建设生态小镇，应当结合现有的优秀资源，坚持产游结合的发展模式，以游促农、以农带游，打造以游客体验观光为主的生态休闲旅游目的地。例如，生态小镇可以打造现代化果园经营方式，通过互联网进行线上宣传销售，并将当地特产通过物流发往各地，进入每家每户；在线下可以集观赏、旅游、采摘于一体，并打造当地品牌，也为线上销售奠定好口碑。

第三节　技术要点及实例

生态小镇建设要体现生态、建筑、文化、旅游、产业等特色，提高有特色的旅游吸引力，充分考虑居民及游客的需求，提供优质的居住环境，具备高效的管理系统和完善的保障体系。在空间布局上，要充分利用水系、山林及农田等外部环境以及特色资源，在建筑、交通、街巷、广场、庭院等的布局与主要空间节点的布局中，应巧借自然地貌、妙用自然景观、优化游览观赏线路。在交通上，对外交通联系应便捷、快速，具有良好的可达性。同时，交通设施完备，能满足出行需求。内部道路应根据人口规模，科学确定道路等级。道路网络完善、主次干道通畅、支路配套齐全、小街小巷便捷。注重慢行交通和绿道建设，兼顾交通功能与游览观赏功能。路面有特色，游览路线布局合理、顺畅，观赏面大。在建设风貌上，生态小镇应考虑适合当地的建筑风格。要注重打造有特色建筑形态、空间形态，并注重创新元素的应用，不能千镇一面，注重"原生性"和"鲜活性"，应从如何延续本土特色建筑形态、如何通过场景实现"乡愁"记忆、如何融入现代创新元素3方面着手。此外，应达到环境卫生优良、基础设施完善、公共配套齐全的建设要求。生态小镇在旅游配套方面，可从旅游服务、旅游管理、农家乐和民俗设施3方面进行建设。

浔龙河生态艺术小镇位于湖南省长沙县果园镇双河村，凭借便捷的区位交通优势、优美的生态环境优势和深厚的人文底蕴优势，率先破题城乡发展瓶颈，探索新型城镇化发展模式。在小镇里看得见山，小镇自然的地势由北向南逐步由高到低过渡，是典型的江南丘陵风貌。所辖范围内，森林植被保护良好（森林覆盖率达70%），竹林、树林层层叠叠、阡陌交错、山环水绕、绿树掩映，与典型的江南丘陵地形地貌互为映衬，形成了如画的山水风光。同时，小镇也有深厚的人文底蕴。三千年楚汉名城长沙，自古以来天泽物美、敢为人先。浔龙河作为湘江支流捞刀河的支流，也受到湖湘文化"心忧天下，敢为人先"精髓的滋润。

湖㳇镇位于江苏省宜兴市，地处苏浙皖三省交界处，东临太湖，三面环山，因"太湖之父"之誉而得名"湖㳇"。小镇森林覆盖率达80%以上，其中竹海风景区内竹林面积达1万亩，是我国华东地区最大的竹资源。在得天独厚的山水自然资源条件下，湖㳇镇具有发展生态小镇的先天优势。此外，湖㳇镇深度挖掘旅游生态资源与内涵，创新提出国内唯一"深氧界·3H生活"的旅游品牌，倡导"回归健康、回归心灵、回归家园"的旅游新理念，逐步从"卖产品"升级为"卖生活"。通过运用品牌化、品质化、品位化的"三品"发展模式，快速推进度假区建设的提档升级。而在生态产业上，湖㳇镇除了种植和旅游这两个传统生态产业，也基于"3H"理念打造了陶、茶、道三位一体的文化品牌。道是文化的灵魂，茶是文化的载体，陶是文化的容器，赏陶、品茶、悟道，满足现代人在快节奏生活中寻找精神家园的需求，契合回归健康、回归心灵、回归家园的"3H"理念，这种发展模式值得其他生态特色小镇借鉴。

广西融安大良仙湖黄湾樟特色生态小镇由黄家村、湾洞、樟木3个小村屯整合共同构成的用地空间。由仙湖水库经天门地下河形成的仙湖溪从3个屯中心蜿蜒流过，溪水清澈，两岸风光如画。其规划设计采用传统民居风貌改造，保留民居现有样式，并通过道路、水系、田园、背山等景观要素打造，再运用乡村文化要素融入雕塑、乡村广场、购物步行街、特色小桥、民间作坊、生态民宿等成为小镇吸引物；以山系自然奇观、水溪湿地、农业稻田为资源基础；以小镇生态旅游、休闲游憩、乡村体验为主题。将黄湾樟特色生态小镇建成集农业观光、乡村体验、文化交流、休闲度假为一体的独具特色的乡村型生态小镇。

黄湾樟生态小镇依托乡村资源，营造"生态居所、美好家园、特色小镇"，全程展示山乡文化。同时，小镇在建设时，不单考虑环境的设计问题，更重要的是考虑产业的融入，让群众分享生态小镇建设的成就。为此，小镇重点布局了现代生态休闲农业及游憩产业、特色生态养殖业、智慧农业创意产业、生态养生与森林康养产业、生态文化培育产业、综合服务产业等。

广州从化莲麻小镇地处广州北部，森林覆盖率达89%，处于流溪河水源保护区内，不能做有损水源环境的破坏性开发。从2016年起，从化区开始创建特色生态小镇。莲麻小镇有丰富的自然资源，植物资源有竹林、莲麻树、百年桂树、山林等；水资源有流溪河；农业资源中果树有三华李、柚子、杧果等，普通农作物有水稻，经济类作物有向日葵；在人文生态资源方面，游客既可以领略水田及山林果树等农业风光，又可以欣赏客家文化中的传统节庆活动、客家农家乐、客家酒文化、客家围屋等建筑，还可以参观东江纵队司令部旧址等革命历史展览馆。

基于这些自然资源，莲麻小镇设置了不同的旅游主题。包括生态"养生游"、生态"休闲·文化游"、生态"农家游""徒步健康游""摄影发现游""露营观星游"等。而在交通方面，莲麻小镇开展莲麻小镇"包车游"服务，在线订制个性化的出行路线，在方便游客出行的同时带给大家更好的旅游体验。莲麻小镇在建设特色生态小镇的过程中，明确自身的发展定位，合理利用自身的优势资源正确发展，在激烈的竞争中突破重围，获得了大众的认可。

第十一章 结 语

种植业和养殖业是农村经济的最主要组成部分，是农民经济收入的最主要来源，然而，由于农民的资源环境意识薄弱，种植业和养殖业的发展在一定程度上威胁着生态环境的平衡，对地区发展造成了一定的影响。根据《全国环境统计公报（2013年）》，农业源污染物排放量已经超过生活源和工业源，成为主要污染源。

当前，农业废弃物造成的环境污染、人口增长带来的资源短缺压力、农业生产效率与社会需求不平衡等问题都在迫使我国农业向生态农业快速转型。随着生态文明建设这一重要举措的施行，我国已经开始大力推进生态种养循环农业模式，很多地区已经开始大力执行并取得了一定的成效，不仅节约了资源、保护了环境，还推动了当地农业经济的发展，增加了农民的收入。

本书概述了我国农业生态种养的发展历史、现状、面临的困境和解决途径，对国内外生态种养模式的核心理念、基本原则和构建方法进行了归纳性总结，选取了6个典型模式进行了系统分析，包括北方"四位一体"模式、南方"猪—沼—果"模式、旱地"农林牧复合种养"模式、水田"稻渔共生"模式、西北"五配套"模式和"生态小镇"模式，科学地分析了上述模式的物质循环路径、技术要点和产业流程，对生态种养模式分类提供了新的思路。

农业经济的可持续发展是我国当前重点关注的问题，生态种养模式能够实现种植业和养殖业的和谐发展，两种产业相互推进，能够进行资源循环利用，降低环境危害，在农业发展进程中，将会优化农村劳动力资源，促进新技术和新产品的推广，促进农民收入的增加、提高地区农业发展的整体水平，促进农业经济整体持续稳定的发展。

参考文献

安虹钢，钟金宇，2019. 广州市"特色小镇"品牌定位与互联网营销策略研究——以从化区莲麻"生态小镇"为例[J]. 新媒体研究（2）：45-48.

安金海，2007. 陕西渭北优质苹果生产关键技术及"五配套"生态栽培模式研究[D]. 杨凌：西北农林科技大学.

白金明，2008. 我国循环农业理论与发展模式研究[D]. 北京：中国农业科学院.

蔡琼莲，2018. 探究种养结合式农业循环经济的发展[J]. 南方农业，12（21）：76-77.

陈璧瑕，2010. 沼液农用对玉米产量、品质及土壤环境质量的影响研究[D]. 成都：四川农业大学.

陈刚，2017. 浔龙河：以"创新驱动"打造生态小镇[J]. 中国土地（3）：57-58.

陈华，2019. 发展种养循环农业 改善生态环境[J]. 中国畜禽种业，15（4）：12-13.

陈玺名，尚杰，2019. 国外循环农业发展模式及对我国的启示与探索[J]. 农业与技术，39（3）：52-54.

陈志龙，陈广银，李敬宜，2019. 沼液在我国农业生产中的应用研究进展[J]. 江苏农业科学，47（8）：1-6.

崔明杰，王玉华，柏鲁林，2012. 商河县林下经济种养模式及效益分析[J]. 中国林副特产（4）：97-100.

崔艺凡，2017. 种养结合模式及影响因素分析[D]. 北京：中国农业科学院.

戴鹏飞，2017. 常宁市三鑫生态农庄规划与设计研究[D]. 长沙：中南林业科技大学.

邓芬，2003. 桑基鱼塘——珠江三角洲的主要农业特色[J]. 农业考古（3）：193-196，201.

丁姣龙，陈璐，陈灿，等，2019. 稻田生态种养在日本的发展及其对中国生态农业的启示[J]. 作物研究（5）：487-489.

丁声俊，2016. 小麦产业化融合化发展新模式——滨州中裕公司转型升级考察记[J]. 黑龙江粮食（6）：12-14.

杜青林，2005. 世界农业发展的新格局与新趋势[J]. 农机科技推广（3）：4-6.

付炳中，张绪良，2009. 青岛市发展沼气生态农业的条件与对策[J]. 中国沼气，27（4）：31-34，15.

高春雨，毕于运，赵世明，等，2008. "五配套"生态家园模式经济效益评价——以陕西省洛川县"果—畜—沼—窖—草"模式为例[J]. 中国生态农业学报，16（5）：1 287-1 292.

高亮，齐自成，张进凯，等，2016. 山东省农业废弃物资源化利用现状及对策[J]. 山东农机化（6）：18-20.

高瑞霞，2018. 湖南同福楚源农作物种植专业合作社：稻田养虾，巧打生态致富牌[J]. 中国合作经济（4）：24-26.

古石香，张盛开，2009. 猪沼果模式综合利用技术初探[J]. 广东农业科学（7）：223，227.

顾东祥，杨四军，杨海，2015. "猪—沼—果（谷、菜）—鱼"循环模式应用研究[J]. 大麦与谷类科学（3）：64-65.

顾晓峰，2010. 小型种养结合生态家庭农场模式的探索与研究[D]. 上海：上海交通大学.

郭德杰，吴华山，马艳，等，2011. 集约化养殖场羊与兔粪尿产生量的监测[J]. 生态与农村环境学报，27（1）：44-48.

国家环境保护总局，国家质量监督检验检疫总局，2003. 畜禽养殖业污染物排放标准：GB 18596—2001[S]. 北京：中国标准出版社.

国家畜牧养殖废弃物资源化利用科技创新联盟，2017. 土地承载力测算技术指南[M]. 北京：中国农业出版社.

国家畜牧养殖废弃物资源化利用科技创新联盟，2017. 土地承载力测算技术指南[M]. 北京：中国农业出版社.

国家畜禽养殖废弃物资源化利用科技创新联盟，2017. 荷兰粪污处理政策及效果[J]. 中国畜牧业（14）：56-59.

国家畜禽养殖废弃物资源化利用科技创新联盟，2017. 意大利畜禽粪污处理情况及启示[J]. 中国畜牧业（12）：55-58.

国家统计局，中国农村统计年鉴. 2016. 北京：中国统计出版社.

韩玥，2018. 安徽省农牧结合循环农业模式选择研究[D]. 合肥：安徽农业大学.

禾日，2018. 丹麦畜禽粪污的管理及处理措施[J]. 中国畜牧业（8）：40-41.

禾日，2018. 德国畜禽粪污的管理及处理措施[J]. 中国畜牧业（15）：43-44.

禾日，2018. 法国畜禽粪污的管理及处理措施[J]. 中国畜牧业（13）：43-44.

禾日，2018. 瑞典畜禽养殖及粪污养分管理[J]. 中国畜牧业（10）：49-50.

胡建民，左长清，杨洁，2005. 小流域"猪沼果"生态治理模式及其效益分析[J]. 水土保持通报，25（5）：58-61.

胡树芳，1983. 国外农业现代化问题[M]. 北京：中国人民大学出版社.

胡小军，2005. 稻渔共作水稻生态生理特征及优质高产无公害生产技术研究[D]. 扬州：扬州大学.

黄国勤，2008. 中国农业发展研究Ⅱ：现状与问题[J]. 安徽农业科学，36（23）：10 277-10 280.

黄国勤，2008. 中国农业发展研究Ⅰ：成就与代价[J]. 安徽农业科学，36（22）：9 506-9 807，9 510.

贾伟，2014. 我国粪肥养分资源现状及其合理利用分析[D]. 北京：中国农业大学.

江全明，郭晓明，1992. 生态农业养殖模式的探索—种养结合，立体养殖，循环利用[J].农业工程学报，8（2）：115-116.

蒋子驹，2018.贵港市种养循环模式发展研究[D].南宁：广西大学.

焦瑞莲，2007.示范户张红梅"猪沼果"模式有作为[J].山西农业：致富科技版（2）：12-12.

焦雯珺，2017.全球重要农业文化遗产：浙江青田稻鱼共生系统[J].中国农业大学学报（社会科学版）34（5）：137-137.

金艳华，2019.种养结合如何实现良性循环[J].新农业（13）：87-88.

巨鹏，邱凌，贺光祥，2008.沼气发酵残留物对萝卜品质的影响[J].安徽农业科学，36（19）：8 176-8 177，8 186.

李嘉尧，常东，李柏年，等，2014.不同稻田综合种养模式的成本效益分析[J].水产学报，38（9）：1 431-1 438.

李可心，朱泽闻，钱银龙，2011.新一轮稻田养殖的趋势特征及发展建议[J].中国渔业经济，29（6）：17-21.

李良民，2012.基于物联网的稻田养鸭生态种养控制系统研究[D].长沙：湖南农业大学.

李书田，金继运，2011.中国不同区域农田养分输入、输出与平衡[J].中国农业科学（20）：4 207-4 229.

李伟，2015.沼液施用对玉米种子萌发与幼苗重建的影响[D].北京：中国农业大学.

李晓红，张继晴，马士胜，等，2013.豆天蛾幼虫人工养殖技术[J].农村经济与科技（11）：36-37.

李占，丁娜，郭立月，等，2013.有机肥和化肥不同比例配施对冬小麦—夏玉米生长、产量和品质的影响[J].山东农业科学，45（7）：71-77，82.

李哲敏，信丽媛，2007.国外生态农业发展及现状[J].浙江农业科学（3）：241-244.

廖天喜，1999. 灵山县探索甘蔗副产品资源的综合开发利用[J]. 农家之友（2）：32-32.

刘文科，杨其长，王顺清，2009. 沼液在蔬菜上的应用及其土壤质量效应[J]. 中国沼气，27（1）：43-46.

刘晓永，李书田，2018. 中国畜禽粪尿养分资源及其还田的时空分布特征[J]. 农业工程学报，34（4）：1-14，316.

刘云峰，2018. 乡村型特色生态小镇规划设计的思路与探索——以融安仙湖黄湾樟特色生态小镇规划设计为例[J]. 绿色科技（13）：133-134，137.

陆国艺，2017. 林下高效种植模式探讨[J]. 农家科技：下旬刊（3）：262.

罗春庆，2011. 邓家村"猪—沼—菜"循环农业模式[J]. 科学种养（5）：53-53.

农业农村部市场预警专家委员会，2018. 中国农业展望报告（2018—2027）[M]. 北京：中国农业科学技术出版社.

欧仕柱，吴雍军，杨小龙，2018. 稻田种养结合循环农业实施效果及发展研究——凯里市生态稻田鱼养殖模式[J]. 饲料博览（9）：94.

彭里，2009. 重庆市畜禽粪便的土壤适宜负荷量及排放时空分布研究[D]. 重庆：西南大学.

谯薇，王葭露，2019. 我国现有生态循环农业发展模式及国际经验借鉴[J]. 当代经济（3）：108-111.

秦岩，2014. 种养结合型循环农业模式的能物价流的比较研究[D]. 扬州：扬州大学.

邱凌，2003. 果园"五配套"生态模式[J]. 河南农业（7）：33-33.

权太焕，2015. 绿色水稻生产的新技术——稻田养鸭技术[J]. 吉林农业（24）：70-70.

全国水产技术推广总站，中国水产学会，上海海洋大学，2018. 中国稻渔综合种养产业发展报告（2018）[J]. 重庆水产（4）：9-19.

任爱华，2004. 国外生态农业发展的比较借鉴[J]. 农村·农业·农民（12）：26-27.

沙琦，2016. 宜兴湖镇特色生态小镇建设的经验与问题[J]. 科技经济导刊（35）：8-9.

山东省人民政府办公厅，2016. 山东省畜禽养殖粪污处理利用实施方案[Z/OL]. [2016-03-23]. http：//old.shandong.gov.cn/art/2016/3/23/art_2259_25601.html.

山东省统计局，2017. 山东省统计年鉴2017[M]. 北京：中国统计出版社.

施建伟，雷国明，李玉英，等，2013. 发酵底物和发酵工艺对沼液中挥发性有机酸的影响[J]. 河南农业科学，42（3）：55-58.

石先罗，张卫东，王风，等，2014. 沼液沼渣农用生态环境风险研究进展[J]. 生态经济：学术版（1）：12-15.

史瑞祥，薛科社，周振亚，2017. 基于耕地消纳的畜禽粪便环境承载力分析——以安康市为例[J]. 中国农业资源与区划，38（6）：55-62.

史小红，2007. 循环农业及发展模式研究[J]. 河南教育学院学报.26（4）：98-102.

宋晓芹，2005. 中国农业可持续发展的制约因素与对策分析[J]，黑龙江农业科学（1）：34-36.

苏彦，2017. 广州市从化区特色小镇发展策略研究[D]. 广州：华南理工大学.

孙晨曦，彭岩波，谢刚，2017. 山东省畜禽养殖环境污染现状调查研究[J]. 山东农业科学，49（8）：155-159.

孙秀娜，宋耀远，胡全根，2012. 稻田养蟹技术要点及效益分析[J]. 现代农业（2）：94-95.

孙振钧，2009. 有机农业及其发展[J]. 农业工程技术，23（3）：225-227.

唐微，伍钧，孙百晔，等，2010. 沼液不同施用量对水稻产量及稻米品质的影响[J]. 农业环境科学学报，29（12）：2 268-2 273.

汪开英，刘健，陈小霞，等，2009. 浙江省畜牧业产排污测算与土地承载力分析[J]. 应用生态学报，20（12）：3 043-3 048.

王勃然，傅志强，2019. 稻田生态种养对系统生物多样性的影响[J/OL].

作物研究（5）：356-361.

王洪涛，王英姿，姜法祥，等，2017. 不同浓度鸡粪沼液对露地韭菜产量和品质的影响[J]. 山东农业科学，49（8）：86-88.

王惠生，2007. 北方"四位一体"生态种养模式[J]. 科学种养（1）：4-5.

王强盛，王晓莹，杭玉浩，等，2019. 稻田综合种养结合模式及生态效应[J]. 中国农学通报，35（8）：46-51.

王淑彬，王明利，石自忠，等，2020. 种养结合农业系统在欧美发达国家的实践及对中国的启示[J]. 世界农业（3）：92-98.

王伟，林聪，赵铭，等，2005. 京郊"四位一体"模式的实施现状与问题分析[C]. //中国沼气学会. 中国沼气学会全国代表大会暨沼气产业化发展研讨会论文选编. 成都：中国沼气学会.

王玮，孙岩斌，周祺，等，2015. 国内畜禽厌氧消化沼液还田研究进展[J]. 中国沼气，33（2）：51-57.

王新新，张春林，游璐，等，2017. 不同浓度沼液对油茶生长和经济性状的影响[J]. 西南林业大学学报：自然科学版，37（5）：60-66.

王延吉，金爱芬，赵春子，等，2016. 基于灰色理论的延边地区畜禽养殖环境承载力研究[J]. 中国畜牧杂志，52（20）：24-28.

王洋，李翠霞，2009. 黑龙江省畜禽养殖环境承载能力分析及预测[J]. 水土保持通报，29（1）：187-191.

王钰，吴发启，彭小瑜，2016. 黄土丘陵区山地立体种养循环生产能流特征与经济效益分析[J]. 农业工程学报，32（S2）：199-206.

王远华，中裕公司，2016. 玩转全产业链[J]. 农经（1）：79-82.

王子臣，梁永红，盛婧，等，2016. 稻田消解沼液工程措施的水环境风险分析[J]. 农业工程学报，32（5）：213-220.

吴华山，郭德杰，马艳，等，2012. 猪粪沼液贮存过程中养分变化[J]. 农业环境科学学报（12）：2 493-2 499.

吴金欣，刘兆辉，李彦，等，2013. 山东省种植与养殖资源优化配置研究[J]. 农学学报，3（2）：35-43.

吴信，万丹，印遇龙，2018. 畜禽养殖废弃物资源化利用与现代生态养殖模式[J]. 农学学报，8（1）：163-166.

吴永胜，孙越鸿，杨雪，等，2018. 基于种养平衡的成都市畜禽养殖环境效应分析[J]. 中国农业资源与区划，39（1）：195-203.

吴云，成金华，潘梅昌，等，2017. 江苏灌南县稻田养蟹高效复合种养技术模式[J]. 农业工程技术，37（23）：25-26.

武甲斐，2008. 山西省区域生态农业发展研究[D]. 太原：山西财经大学.

向安强，1995. 稻田养鱼起源新探[J]. 中国科技史杂志，16（2）：62-74.

肖文斌，2018. 种养结合生态循环农业模式成效分析[J]. 畜禽业，29（6）：26-27.

谢小春，2019. 农村能源循环农业技术模式的应用探讨[J]. 江西农业（14）：58.

徐建宏，王万秋，2006. "猪、沼、果（蔬菜）"能源生态工程实例[J]. 环境科学与管理，31（4）：56-157.

徐振宝，郭永庆，薄月玲，等，2011. 稻田养鱼技术研究[J]. 北方水稻，41（4）：50-51.

许翼，孙莹，张华，等，2017. 沈阳市畜禽养殖环境承载力分析及预测[J]. 环境保护科学，43（5）：62-68.

宣梦，许振成，吴根义，等，2018. 我国规模化畜禽养殖粪污资源化利用分析[J]. 农业资源与环境学报，35（2）：126-132.

薛继春，王承华，胡源，等，2006. 畜禽规模养殖调查[J]. 畜牧市场（8）：39-43.

薛彦棠，2006. 山西省晋中市五配套生态果园模式[J]. 中国果树（4）：62-62.

颜景辰，雷海章，2005. 世界生态农业的发展趋势和启示[J]. 世界农业（1）：7-9.

杨冰，董华兵，孙玉海，等，2019. 适用旱地麦—豆轮作模式下的高效种养技术探析[J]. 现代农业科技（11）：39-41.

杨飞，杨世琦，诸云强，等，2013. 中国近30年畜禽养殖量及其耕地氮污染负荷分析[J]. 农业工程学报，29（5）：1-11.

杨军香，王合亮，焦洪超，等，2016. 不同种植模式下的土地适宜载畜量[J]. 中国农业科学，49（2）：339-347.

杨鑫光，周志刚，杨宗山，等，2006. 中国生态环境变迁的原因、影响及对策初探[J]. 草业科学，23（5）：29-32.

叶柳祥，蓝月相，叶国军，等，2015. 南方"猪—沼—果"循环农业模式沼肥施用关键技术[J]. 现代农业科技（3）：221，225.

佚名，2017. 纳溪："猪—沼—果"循环生态农业探出致富新路[J]. 猪业观察（3）：3-4.

佚名，2015. 农业文化遗产旅游——以稻鱼共生系统为例[J]. 北京农业（26）：4-9.

尹昌斌，2019. 发展生态循环农业，推进农业废弃物减量[N]. 中国环境报8-28（8）.

余婧婧，2018. 大兴安岭农垦种养结构优化研究[D]. 北京：中国农业科学院.

语平，2004. 昔日黄土岗，今朝花果山——江西省泰和县万亩生态果园"猪沼果"模式成效显著[J]. 农民科技培训（6）：12-12.

苑圆圆，2011. 稻—蛙、瓜—蛙—鱼生态种养及养分平衡的研究[D]. 福州：福建师范大学.

张连举，2018. 推广种养结合发展生态农牧业[J]. 农业与技术，38（20）：127.

张馨蔚，2012. 沼液还田对植物及其水土环境的影响研究[D]. 重庆：西南大学.

张旭光，2017. 河南省黄淮粮区种养一体家庭农场发展问题研究[D]. 郑州：河南财经政法大学.

张毅妮，2019. 澜沧县冷凉山区稻田养鸭技术及成效[J]. 云南农业，360（1）：62-63.

章茂林，2004. "四位一体"生态模式[J]. 农家参谋（4）：33.

赵冈，1996. 中国历史上生态环境之变迁[M]. 北京：中国环境科学出版社.

赵立欣，孟海波，沈玉君，等，2017. 中国北方平原地区种养循环农业现状调研与发展分析[J]. 农业工程学报，33（18）：1-10.

郑军，史建民，2007. 国外生态农业实践透视[J]. 山东农业大学学报：社会科学版（4）：65-70.

中华人民共和国国家统计局，2014. 中国统计年鉴2014[M]. 北京：中国统计出版社.

中华人民共和国国家统计局，2017. 中国统计年鉴2017[M]. 北京：中国统计出版社.

中华人民共和国国家统计局，2017. 中国畜牧业年鉴2017[M]. 北京：中国农业出版社.

中华人民共和国环境保护部，中华人民共和国国家统计局，中华人民共和国农业部，2010. 第一次全国污染源普查公报[R]. 北京：中华人民共和国环境保护部，中华人民共和国国家统计局，中华人民共和国农业部.

中华人民共和国农业农村部，2015. 农业部关于打好农业面源污染防治攻坚战的实施意见[A/OL]. [2015-04-13]. http：//jiuban.moa.gov.cn/zwllm/zwdt/201504/t20150413_4524372.htm.

中华人民共和国农业农村部，2017. 种养结合循环农业示范工程建设规划（2017—2020）[A/OL]. [2017-09-20]. http：//www.moa.gov.cn/nybgb/2017/djq/201802/t20180202_6136360.htm.

中华人民共和国农业农村部，2018. 农业部办公厅关于印发《畜禽粪污土地承载力测算技术指南》的通知[A/OL]. [2018-01-22]. http：//www.moa.gov.cn/gk/tzgg_1/tfw/201801/t20180122_6135486.htm.

中华人民共和国中央人民政府，2008. 国家粮食安全中长期规划纲要（2008—2020年）[A/OL]. [2008-11-13]. http：//www.gov.cn/test/2008-

11/14/content_1148698.htm.

中华人民共和国国家质量监督检验检疫总局，中国国家标准化管理委员会，2010. 畜禽粪便还田技术规范：GB/T 25246—2010[S]. 北京：中国标准出版社.

钟天喜，2018. 稻田养虾技术[J]. 现代农业科技（14）：235-236，238.

周玲红，2017. 冬季种养结合对南方双季稻田温室气体、土壤养分及水稻产量的影响[D]. 长沙：湖南农业大学.

朱德峰，张玉屏，陈惠哲，等，2015. 中国水稻高产栽培技术创新与实践[J]. 中国农业科学，48（17）：3 404-3 414.

朱立志，2013. 对新时期生态农业建设的思考[J]. 中国农业信息（11）：13-16.

祖智波，2007. 免耕稻—鸭生态种养模式生态系统服务功能价值评估[D]. 长沙：湖南农业大学.

BRYLD E，2003. Potentials，problems，and policy implications for urban agriculture in developing countries[J]. Agriculture and Human Values，20（1）：79-86.

COSTA M P，SCHOENEBOOM J C，OLIVEIRA S C，et al.，2018. A socio-eco-efficiency analysis of integrated and non-integrated crop-livestock-forestry systems in the Brazilian Cerrado based on LCA[J]. Journal of Cleaner Production（171）：1 460-1 471.

DAI H，KAZUTAKA K，YASUYUKI F，et al.，2007. Effect of aeration in reducing phytotoxicity in anaerobic digestion liquor of swine manure[J]. Animal Science Journal，78（4）：433-439.

DE B H，PARROT L，MOUSTIER P，2010. Sustainable urban agriculture in developing countries. a review[J]. Agronomy for Sustainable Development，30（1）：21-32.

EISLER M C，LEE M R F，TARLTON J F，et al.，2014. Agriculture：steps to sustainable livestock[J]. Nature News，507（7 490）：32.

GARRETT R, NILES M, GIL J, et al., 2017. Policies for reintegrating crop and livestock systems: a comparative analysis[J]. Sustainability, 9 (3): 473.

HAMELIN L, WESNAES M, WENZEL H, et al., 2011. Environmental consequences of future biogas technologies based on separated slurry[J]. Environmental Science & Technology, 45: 5 869−5 877.

HE Q, YU G, TU T, et al., 2017. Closing CO_2 loop in biogas production: recycling ammonia as fertilizer[J]. Environmental Science & Technology, 51 (15): 8 841−8 850.

HERRO M, THORNTON P K, NOTENBAERT A M, et al., 2010. Smart investments in sustainable food production: revisting mixed crop-livestock systems. Science, 327 (5 967): 822−825.

HILIMIRE K, 2011. Integrated crop/livestock agriculture in the United States: a review[J]. Journal of Sustainable Agriculture, 35 (4): 376−393.

KAPARAJU P, RINTALA J, OIKARI A, 2012. Agricultural potential of anaerobically digested industrial orange waste with and without aerobic post-treatment[J]. Environmental Technology, 33 (1−3): 85−94.

KOUŘIMSKÁ L, POUSTKOVÁ I, BABIČKA L, 2012. The use of digestate as a replacement of mineral fertilizers for vegetables growing[J]. Scientia Agriculturae Bohemica, 43 (4): 121−126.

LENCIONI G, IMPERIALE D, CAVIRANI N, et al., 2016. Environmental application and phytotoxicity of anaerobic digestate from pig farming by *in vitro* and *in vivo* trials[J]. International Journal of Environmental Science & Technology, 13: 2 549−2 560.

LI Q, LI B H, KRONZUCKER H J, et al., Root growth inhibition by NH_4^+ in *Arabidopsis* is mediated by the root tip and is linked to NH_4^+ efflux and GMPase activity[J]. Plant Cell & Environment, 33 (9): 1 529−1 542.

LOPEDOTE O, LEOGRANDE R, FIORE A, et al., 2013. Yield and soil responses of melon growth with different organic fertilizers[J]. Journal of Plant Nutrition, 36（3）: 415-428.

LYNCH J M, 2006. Effects of organic acids on the germination of seeds and growth of seedlings[J]. Plant Cell & Environment, 3（4）: 255-259.

MCLACHLAN K L, CHONG C, VORONEY R P, et al., 2004. Assessing the potential phytotoxicity of digestates during processing of municipal solid waste by anaerobic digestion: comparison to aerobic composts. Acta Horticulturae（638）, 225-230.

PACINI C, WOSSINK A, GIESEN G, et al., 2003. Evaluation of sustainability of organic, integrated and conventional farming systems: a farm and field-scale analysis. Agriculture, Ecosystems and Environment, 95（1）: 273-288.

PANT L P, HAMBLY-ODAME H, 2009. Innovations systems in renewable natural resource management and sustainable agriculture: a literature review[J]. African Journal of Science, Technology, Innovation and Development, 1（1）: 103-135.

QIAN Y, SONG K, HU T, et al., 2018. Environmental status of livestock and poultry sectors in China under current transformation stage[J]. Science of the Total Environment, 622-623: 702-709.

RYSCHAWY J, DISENHAUS C, BERTRAND S, et al., 2017. Assessing multiple goods and services derived from livestock farming on a nation-wide gradient[J]. Animal, 11: 1 861-1 872.

SIMS J, MA L, OENEMA O, et al., 2013. Advances and challenges for nutrient management in China in the 21st century[J]. Journal of Environmental Quality, 42（4）: 947-950.

SMITH J W, NAAZIE A, LARBI A, et al., 1997. Integrated crop-livestock systems in sub-Saharan Africa: an option or an imperative? [J].

Outlook on Agriculture, 26（4）: 237-246.

TIQUIA S M, TAM N F Y, HODGKISS I J, 1996. Effects of composting on phytotoxicity of spent pig-manure sawdust litter[J]. Environmental Pollution, 93（3）: 249-256.

TIQUIA S M, TAM N F Y, 1998. Elimination of phytotoxicity during co-composting of spent pig-manure sawdust litter and pig sludge[J]. Bioresource Technology, 65（1-2）: 43-49.

WANG X L, WU X, YAN P, et al., 2016. Integrated analysis on economic and environmental consequences of livestock husbandry on different scale in China[J]. Journal of Cleaner Production, 119: 1-12.

WEILAND P, 2010. Biogas production: current state and perspectives[J]. Applied Microbiology & Biotechnology, 85（4）: 849-860.